高效种植致富直通车

图说辣椒病虫害诊断与防治

李金堂　编著

机械工业出版社

本书通过100多幅辣椒病害、虫害的田间原色生态图片及病原菌显微图片，介绍了辣椒的57种病害、4种虫害。书中对辣椒的每种病害、虫害一般配有多幅图片，从不同发病部位、不同发病时期的症状特点及害虫不同虫态的多个角度进行描述，可以帮助读者根据图片准确诊断病害、虫害，并获得最新的防治方法。

本书可供广大菜农、植保工作者、农资经销商使用，也可供农业院校相关专业师生学习参考。

图书在版编目（CIP）数据

图说辣椒病虫害诊断与防治/李金堂编著. —北京：机械工业出版社，2016.1（2022.8重印）
（高效种植致富直通车）
ISBN 978-7-111-52313-0

Ⅰ.①图… Ⅱ.①李… Ⅲ.①辣椒－病虫害防治－图解 Ⅳ.①S436.418－64

中国版本图书馆CIP数据核字（2015）第295891号

机械工业出版社（北京市百万庄大街22号 邮政编码100037）
总 策 划：李俊玲 张敬柱 策划编辑：高 伟 郎 峰
责任编辑：高 伟 郎 峰 周晓伟 责任校对：张 丽
责任印制：单爱军
北京虎彩文化传播有限公司印刷
2022年8月第1版第8次印刷
140mm×203mm · 3.75印张 · 99千字
标准书号：ISBN 978-7-111-52313-0
定价：25.00元

电话服务
客服电话：010-88361066
010-88379833
010-68326294

网络服务
机 工 官 网：www.cmpbook.com
机 工 官 博：weibo.com/cmp1952
金 书 网：www.golden-book.com
机工教育服务网：www.cmpedu.com

高效种植致富直通车
编审委员会

序

园艺产业包括蔬菜、果树、花卉和茶等，经多年发展，园艺产业已经成为我国很多地区的农业支柱产业，形成了具有地方特色的果蔬优势产区，园艺种植的发展为农民增收致富和“三农”问题的解决做出了重要贡献。园艺产业基本属于高投入、高产出、技术含量相对较高的产业，农民在实际生产中经常在新品种引进和选择、设施建设、栽培和管理、病虫害防治及产品市场发展趋势预测等诸多方面存在困惑。要实现园艺生产的高产高效，并尽可能地减少农药、化肥施用量以保障产品食用安全和生产环境的健康离不开科技的支撑。

根据目前农村果蔬产业的生产现状和实际需求，机械工业出版社坚持高起点、高质量、高标准的原则，组织全国 20 多家农业科研院所中理论和实践经验丰富的教师、科研人员及一线技术人员编写了“高效种植致富直通车”丛书。该丛书以蔬菜、果树的高效种植为基本点，全面介绍了主要果蔬的高效栽培技术、棚室果蔬高效栽培技术和病虫害诊断与防治技术、果树整形修剪技术、农村经济作物栽培技术等，基本涵盖了主要的果蔬作物类型，内容全面，突出实用性，可操作性、指导性强。

整套图书力避大段晦涩文字的说教，编写形式新颖，采取图、表、文结合的方式，穿插重点、难点、窍门或提示等小栏目。此外，为提高技术的可借鉴性，书中配有果蔬优势产区种植能手的实例介绍，以便于种植者之间的交流和学习。

丛书针对性强，适合农村种植业者、农业技术人员和院校相关专业师生阅读参考。希望本套丛书能为农村果蔬产业科技进步和产业发展做出贡献，同时也恳请读者对书中的不当和错误之处提出宝贵意见，以便补正。

中国农业大学农学与生物技术学院

前　言

蔬菜产业在我国农产品结构中占据着重要地位。它不仅直接关系着城乡居民的生活质量，还对我国经济发展有重要作用。20世纪90年代以来我国蔬菜产业取得了长足进步，以“菜篮子工程”为代表的农业政策极大地促进了蔬菜生产。

随着蔬菜产业规模的不断扩大，病虫害防治在蔬菜生产中的重要性日益凸显。多年的生产实践表明，做好病虫害防治工作，既能提高蔬菜的产量和品质，促进蔬菜产业健康发展，又能获得更好的经济效益和社会效益。为帮助广大种植者及相关人员准确诊断辣椒病虫害并更好地进行防治，编者撰写了《图说辣椒病虫害诊断与防治》一书。

在本书编写过程中，编者以“蔬菜之乡”寿光市为主要调查地点，结合其他辣椒产区进行病虫害调查，一般每周调查2次，将辣椒病虫害病样带回研究室进行分离培养鉴定。为了更准确地诊断病虫害，编者对辣椒病害不同时期、不同发病部位的症状，辣椒害虫不同虫态、不同龄期的形态特征及为害症状等进行了全方位的拍摄，以获得对病虫害的立体识别。

本书主要介绍了辣椒57种病害、4种虫害的诊断与防治方法，有辣椒病虫害田间原色生态图片及病原菌显微图片100多幅，同时，对辣椒生产、管理及防治过程中需特别注意的事项进行了总结提炼，以起到较好的提醒作用。本书对辣椒病虫害的准确诊断与科学防治有较高的指导和参考价值，可供广大菜农、植保工作者、农资经销商使用，也可供农业院校相关专业师生学习参考。

需要特别说明的是，本书所用药物及其使用剂量仅供读者参考，不可完全照搬。在生产实际中，所用药物学名、通用名与实际商品名称存在差异，病虫害发生程度不同，施用药物浓度也会有所不同，建议读者在使用每一种药物之前，参阅厂家提供的产品说明，以确认药物用量、用药方法、用药时间及禁忌等。

本书得到潍坊市科学技术发展计划项目（2014GX046）和山东省高等学校青年骨干教师国内访问学者项目的支持。在资料收集和整理过程中得到了默书霞、付海滨、谢凤霞、张军林、王勇伟、李建才等众多专家、同行、朋友，以及广大菜农、农药零售商的支持和帮助，在此表示衷心感谢。在图书出版过程中，得到了潍坊科技学院李昌武院长的大力支持，特致以诚挚的谢意。

由于时间紧、编者水平所限，书中错误和疏漏之处在所难免，恳请有关专家、同仁及广大读者朋友批评指正！

李金堂

目　录

序

前言

一、侵染性病害

1. 辣椒（色链隔孢）叶斑病 …… 2
2. 辣椒白粉病 …… 3
3. 辣椒白星病 …… 5
4. 辣椒斑点病 …… 7
5. 辣椒病毒病 …… 8
6. 辣椒丛枝病 …… 11
7. 辣椒猝倒病 …… 13
8. 辣椒根结线虫病 …… 15
9. 辣椒根霉果腐病 …… 16
10. 辣椒褐斑病 …… 18
11. 辣椒黑斑病 …… 20
12. 辣椒黑霉病 …… 21
13. 辣椒红粉病 …… 23
14. 辣椒红色炭疽病 …… 25
15. 辣椒灰霉病 …… 27
16. 辣椒茎基腐病 …… 29
17. 辣椒菌核病 …… 31
18. 辣椒枯萎病 …… 33
19. 辣椒链格孢黑斑病 …… 34
20. 辣椒镰刀菌根腐病 …… 36
21. 辣椒煤霉病 …… 38
22. 辣椒煤污病 …… 39
23. 辣椒绵疫病 …… 40
24. 辣椒曲叶病毒病 …… 42
25. 辣椒青枯病 …… 43
26. 辣椒细菌性疮痂病 …… 45
27. 辣椒细菌性溃疡病 …… 46
28. 辣椒细菌性软腐病 …… 48
29. 辣椒细菌性叶斑病 …… 49
30. 辣椒芽枝霉果腐病 …… 51
31. 辣椒疫病 …… 52
32. 辣椒疫霉根腐病 …… 54
33. 辣椒早疫病 …… 56

二、生理性病害

1. 辣椒矮壮素药害 ········· 59
2. 辣椒多效唑药害 ········· 60
3. 辣椒肥害 ················ 61
4. 辣椒高温障碍 ··········· 62
5. 辣椒果实小黄点 ········· 63
6. 辣椒虎皮病 ············· 64
7. 辣椒畸形果 ············· 65
8. 辣椒激素中毒 ··········· 66
9. 辣椒急性失水 ··········· 68
10. 辣椒僵果 ·············· 70
11. 辣椒冷风为害 ·········· 71
12. 辣椒露果 ·············· 72
13. 辣椒落花 ·············· 73
14. 辣椒沤根 ·············· 74
15. 辣椒脐腐病 ············ 76
16. 辣椒缺镁 ·············· 78
17. 辣椒缺铁 ·············· 79
18. 辣椒缺锌 ·············· 81
19. 辣椒日灼病 ············ 83
20. 辣椒徒长 ·············· 84
21. 辣椒盐害 ·············· 85
22. 辣椒药害 ·············· 87
23. 辣椒着色不良 ·········· 90
24. 辣椒紫斑病 ············ 91

三、虫害

1. 茶黄螨 ················· 94
2. 西花蓟马 ··············· 97
3. 野蛞蝓 ················· 102
4. 温室白粉虱 ············· 105

附录　常见计量单位名称与符号对照表

参考文献

一、侵染性病害

1. 辣椒（色链隔孢）叶斑病

【症状】

该病主要为害叶片，病斑近圆形或不规则形，病斑中央呈浅褐色或黄褐色，边缘呈深褐色，病斑上常有暗褐色细线圈（图1-1）。

图1-1 辣椒（色链隔孢）叶斑病病斑

【病原】

病原菌为辣椒色链隔孢［*Phaeoramularia capsicicola*（Vassiljevskiy）Deighton］，属半知菌门真菌。其分生孢子梗丛生，呈浅黄色至浅青色，不分枝，直立或稍弯，大小为（20.4～72.1）μm×（3.6～6.6）μm；分生孢子线形链生，大小为（13.3～76.4）μm×（3.8～6.5）μm。

【发病规律】

病原菌主要以分生孢子或菌丝体在土壤中的病残体上越冬，成为第二年初的侵染源。初期发病多始于苗床。高温、高湿有利于病害发生、发展。

【防治方法】

1）种子消毒。用55～60℃温水浸种15min，也可用种子重量0.3%左右的50%多菌灵可湿性粉剂拌种。

2）加强管理。及时清除田间病叶并销毁，合理浇水，及时通风，降低棚内相对湿度。

3）药剂防治。前期可用10%百菌清烟剂预防病害，用量为250～350g/亩（1亩≈667m^2）。病害发生后及时用药，可用50%咪鲜胺可湿性粉剂1500～2000倍液，或40%氟硅唑乳油8000倍液，或25%戊唑醇可湿性粉剂1500倍液喷雾，每7天喷1次，连喷3～4次。喷药时间以在晴天上午9：00～10：00或下午4：00～5：00为宜，中午温度高时不宜施药，以免发生药害。

注意 辣椒生长势较弱时易得（色链隔孢）叶斑病，应培育壮苗，保证营养供给，坐果不要太多。

2. 辣椒白粉病

【症状】

该病主要为害叶片，发病初期叶片正面出现褪绿斑（图1-2），背面出现白粉状斑（图1-3），严重时遍及整个叶片，叶片变黄脱落。辣椒白粉病后期，病斑颜色加深为褐色，叶片坏死（图1-4）。

图 1-2　辣椒白粉病发病初期叶片出现褪绿斑

图 1-3　辣椒白粉病叶片背面出现白粉状斑

图 1-4　辣椒白粉病严重时叶片病斑呈褐色并坏死

【病原】

病原菌为鞑靼内丝白粉菌［*Leveillula taurica*（Liv.）Arn.］，属子囊菌门真菌。菌丝内外兼生，分生孢子梗散生，常从气孔伸出叶面。

【发病规律】

病原菌以闭囊壳、菌丝体、分生孢子随病残体在土壤中越冬。第二年条件合适时，产生分生孢子或子囊孢子随风雨传播到寄主上侵染。栽培过密、通风不良、偏施氮肥的条件下发病重。

【防治方法】

1）选育抗（耐）病品种。

2）加强田间管理。收获后彻底清洁菜园，清除病叶、落叶及杂草并烧毁，减少菌源数量。

3）药剂防治。发病初期用47%春雷·王铜可湿性粉剂500倍液，或2%嘧啶核苷酸抗生素200倍液，或10%苯醚甲环唑水分散粒剂1500倍液，或25%乙嘧酚悬浮剂1000倍液进行叶面喷雾，5~7天喷1次，连喷3~4次。

提示 白粉病病菌分生孢子在水中容易破裂，因此喷药时可对白粉病严重的叶片多喷一些药液，最好做到有药液滴下，这样有利于杀死病菌分生孢子。

3. 辣椒白星病 >>>>>

【症状】

该病主要为害叶片。病斑呈圆形或近圆形，边缘呈黑褐色或深色，中央呈灰白色或白色（图1-5、图1-6），病斑背面与正面症状相差不大（图1-7），中间有时穿孔。

【病原】

病原菌为辣椒叶点霉［*Phyllosticta capsici* Speg.］，属半知菌

门真菌。其分生孢子器近球形，直径为94.6～127.1μm，颜色多为黑色或褐色；分生孢子器内的分生孢子呈椭圆形至卵圆形，单胞，无色，大小为（4.4～7.1）μm×（1.6～3.6）μm。

图1-5　辣椒白星病初期叶片正面症状

图1-6　辣椒白星病病斑扩大

图1-7　辣椒白星病叶片背面症状

【发病规律】

病原菌以分生孢子器在病残体上、种子内或土壤中越冬。第二年条件适宜时释放分生孢子侵染叶片，发病后借风雨传播蔓延进行再侵染。降雨、大水漫灌或湿度高时易发病。

【防治方法】

1）选用抗（耐）病品种。

2）与非茄科蔬菜作物实行 3 年以上的轮作。使用充分腐熟的有机肥和生物菌肥，向土壤中增加有益微生物，促进土壤改良。

3）及时清除病残体，适时放风降湿，降低棚内湿度。

4）发病初期及时喷洒 40% 腈菌唑可湿性粉剂 5000 倍液，或 45% 噻菌灵悬浮剂 1000 倍液，或 10% 苯醚甲环唑水分散粒剂 1500 倍液等，7～10 天喷 1 次，连喷 2～3 次。

4. 辣椒斑点病

【症状】

该病主要为害叶片、茎秆及果实。叶片病斑近圆形，中央呈灰白色，边缘呈褐色（图 1-8），后期病斑上出现黑色小粒点（分生孢子器）。果实发病时出现近圆形病斑，稍凹陷，病斑中央呈灰白色至浅褐色，边缘呈褐色（图 1-9）。

图 1-8 辣椒斑点病病叶

图 1-9 辣椒斑点病病果

【病原】

病原菌为番茄壳针孢［*Septoria lycopersici* Speg.］，属于半知菌门真菌。

【发病规律】

病原菌多以菌丝体和分生孢子器在病残体、多年生茄科杂草上越冬，也可在茄科蔬菜作物种子上越冬。第二年条件适宜时产生分生孢子，借风雨传播或被雨水反溅到寄主上，多从气孔侵入。病原菌发育适温为22～26℃，湿度高时利于分生孢子从孢子器内溢出，更容易诱发斑点病。尤其是雨后晴天及生长衰弱、营养不足的辣椒易发病。

【防治方法】

1）适度密植，适时放风降湿，降低棚内湿度，雨后及时排水。选用无滴膜，防止棚顶滴水。

2）增施有机肥及磷钾肥，提高植株抗病性。

3）发病前可用15%百菌清烟剂预防，用量为250～300g/亩。发病后可喷洒25%络氨铜水剂500倍液，或50%咪鲜胺锰盐可湿性粉剂1500倍液，或25%戊唑醇可湿性粉剂1500倍液等药剂，7～10天喷1次，连喷2～3次。

提示 辣椒斑点病与辣椒白星病症状较为相似，不易区分时可使用苯并咪唑类药剂（多菌灵等）与三唑类药剂（苯醚甲环唑等）混合喷施，一般防治效果较为理想。

5. 辣椒病毒病

病毒病是影响我国辣椒生产的主要病害，世界分布广泛。在美国、印度、日本、意大利、加拿大、匈牙利等国家和地区，辣椒病毒病的发生常给辣椒的生产造成严重的危害和损失。1932年，我国广东报道了该病的发生，20世纪60年代初，报道了病毒病的毒源种类。20世纪70年代以来，辣椒病毒病的危害日趋严重，发病率高、蔓延快，一般减产30%左右，严重的高达60%以上，甚至绝产，成为辣椒生产的主要限制因素。

图1-10 辣椒病毒病花叶型叶片症状

【症状】

症状主要有四种类型：花叶型、黄化型、坏死型及畸形型。花叶型的叶片会产生黄绿相间的斑驳或大型黄褐色环斑（图1-10），果实出现坏死斑、瘤状突起（图1-11）。黄化型叶片黄化或出现坏死斑（图1-12）。坏死型的叶片、茎秆及果实上出现褐色坏死斑（图1-13）。畸形型导致叶片出现皱缩畸形（图1-14）。

图1-11 辣椒病毒病花叶型果实出现瘤状突起

图1-12 辣椒病毒病黄化型症状

图 1-13　辣椒病毒病坏死型症状

图 1-14　辣椒病毒病畸形型症状

【病原】

黄瓜花叶病毒（Cucumber Mosaic Virus，CMV）、烟草花叶病毒（Tobacco Mosaic Virus，TMV）、马铃薯 Y 病毒（Potato Virus Y，PVY）、马铃薯 X 病毒（Potato Virus X，PVX）、蚕豆萎蔫病毒（Broad Bean Wilt Virus，BBWV）、烟草蚀纹病毒（Tobacco Etch Virus，TEV）、苜蓿花叶病毒（Alfaifa Mosaic Virus，AMV）等，常由上述一种或多种病毒复合侵染。

【发病规律】

TMV 寄主广泛，可在多种植物和杂草上越冬，也可附着在种子上或病残体上越冬。TMV 可通过整枝打杈等农事操作进行传播，一般不能通过蚜虫传播。CMV 也可在多种植物和杂草上越冬，主要通过蚜虫传播。其他病毒也可通过蓟马等介体传播。对病害的发生条件来说，高温干旱发病重，因为这种环境有利于传毒介体的繁殖及迁飞。

【防治方法】

1）选用抗（耐）病品种。抗（耐）病品种是防治病毒病最有效、最根本的防治措施，不同地区可根据当地实际情况，选用适宜的抗（耐）病品种。

2）种子消毒。播种前用清水浸种 3～4h，再用 10% 磷酸三钠溶液浸种 30min，用清水冲洗干净后播种；或用 0.1% 高锰酸钾溶液浸泡 30min。

3）防止人为传染。在农事操作中要坚持先健株后病株的原则进行，同时用 10% 磷酸三钠溶液洗手及对农具进行消毒。

4）防治蚜虫、蓟马等传毒介体。对种植区及周边杂草尽早喷洒 10% 吡虫啉可湿性粉剂 2000 倍液或 2.5% 多杀霉素悬浮剂 1000 倍液，可杀灭传毒介体，减轻病毒病造成的危害。

5）药剂防治。发病初期喷洒 4% 宁南霉素水剂 500 倍液，或 1.5% 烷醇·硫酸铜乳剂 1000 倍液，或 20% 盐酸吗啉胍可湿性粉剂 500 倍液，或 7.5% 菌毒·吗啉胍水剂 200 倍液，5～7 天喷 1 次，连喷 3～4 次。

注意 辣椒病毒病同其他蔬菜病毒病一样，为全株性病害，选用抗（耐）病品种和种子消毒是防治病害的根本措施。同时，应提倡“预防为主”的原则，发病前定期喷洒几丁聚糖等药物，提高植株抗病性和免疫力。

6. 辣椒丛枝病 >>>>

2011 年笔者在寿光调查蔬菜病虫害过程中，发现了辣椒丛枝病，因该病以前较少发生，且其症状与病毒病相似，多数菜农使用防治病毒病的药剂防治该病，收效甚微。该病是辣椒生产上的一种毁灭性病害，病害一旦发生，较难控制，对产量造成极大影响。

【症状】

苗期发病时，植株叶片发黄，植株矮小，分枝少，容易出现单枝现象。成株期发病时，植株矮化、黄化，枝叶丛生（图1-15）；叶片及叶柄变窄变长，部分叶片皱缩不平、出现褪绿斑，严重者叶片卷曲；茎秆出现带化褪绿症状，严重时茎秆扭曲呈疙瘩节状；果实出现黄绿相间的症状（图1-16），与病毒病症状相似，田间生产上应注意鉴别。

图1-15 辣椒丛枝病植株枝叶丛生

图1-16 辣椒丛枝病果实出现黄绿相间症状

【病原】

病原菌为植物菌原体（*Phytoplasma*），属细菌界软壁菌门。发病辣椒叶片的中脉切片经甲苯胺蓝（TBO）染色后，用荧光显微镜可观察到韧皮部有枯黄色荧光反应斑，其维管束组织萎缩变小，用电子显微镜可观察到病株的筛管中有菌原体存在。

【发病规律】

辣椒丛枝病病原菌主要通过大青叶蝉传播。大青叶蝉在泡桐丛枝病或辣椒丛枝病病株上取食后，再到健康辣椒上取食即可传播病毒。所以，在辣椒种植区附近泡桐种植多、大青叶蝉多时，辣椒丛枝病常发病较重。

【防治方法】

1）避免在泡桐种植区种植辣椒。

2）田间发现病株后，最好及早拔除病株，并用生石灰处理病穴。

3）及时防治传毒介体大青叶蝉。

4）发病初期喷洒四环素或土霉素 2500～3000 倍液，也可提前用土霉素灌根来预防该病，一般连续用药 3～4 次。

7. 辣椒猝倒病 >>>>

【症状】

幼苗易感病，茎基部首先出现似开水烫过的不规则病斑，后变软缢缩（图 1-17），幼苗倒地，湿度大时出现白色棉絮状物。猝倒病的发病时间较集中，且发病速度很快，

图 1-17　辣椒猝倒病病部缢缩

条件合适时数天内即可导致全棚发病，此点与立枯病的发病情况不同。

【病原】

病原菌为瓜果腐霉［*Pythium aphanidermatum*（Eds.）Fitzp.］，属鞭毛菌门真菌。

【发病规律】

病原菌以卵孢子在土壤中越冬。第二年产生的孢子囊直接萌发成芽管或形成游动孢子侵染寄主。温度低、土壤中水分含量高或大水漫灌条件下发病重。

【防治方法】

1）种子消毒。可用种子重量0.3%左右的25%甲霜灵可湿性粉剂拌种。

2）加强苗床管理。选择地势高、排水方便的位置做苗床，播种前浇足底水，出苗后不浇水或少浇水。

3）适当密植、及时放风，浇水时不要大水漫灌，降低棚内湿度。

4）药剂防治。发病初期喷洒52.5%噁唑菌酮·霜脲可湿性粉剂600倍液，或3%噁霉·甲霜水剂500倍液，或70%乙铝·锰锌可湿性粉剂500倍液，或64%噁霜·锰锌可湿性粉剂600~800倍液，5~7天喷1次，连喷3次。土壤湿度较小时，可用上述药剂灌根防治，采用上述药剂时，每棵植株用量一般为100~150mL。

提示 培育壮苗，最好进行苗床及土壤消毒。

8. 辣椒根结线虫病

辣椒是我国最重要的蔬菜作物之一。在蔬菜作物中，其栽培面积仅次于大白菜，据农业部统计年鉴数据，我国辣椒栽培面积约为 130 万公顷。根结线虫病作为一种普遍发生的世界性病害，是影响辣椒生产的重要障碍之一。

【症状】

根系上长出大小不一的瘤状物，数量不等（图 1-18），线虫为害严重时植株呈失水萎蔫状。

图 1-18 辣椒根结线虫病症状

【病原】

以南方根结线虫（*Meloidogyne incognita* Chitwood）、北方根结线虫（*M. hapla*）为主。

【发病规律】

土壤温度为25～30℃、土壤含水量为40%～50%时，有利于线虫发育。土质疏松透气，适宜根结线虫活动，有利于发病。土地重茬或长期连作，发病重。

【防治方法】

1）提倡轮作。最好与禾本科作物、葱蒜类轮作。

2）深耕翻晒。线虫大多在地下20cm土层内活动，通过深翻土壤将其暴晒在强光下，可杀死大量线虫。

3）药剂防治。可用10%噻唑膦颗粒剂1～2kg穴施或基施，拌入土壤内层进行预防。发病后可用70%辛硫磷乳油1000～1500倍液，或1.8%阿维菌素乳油1000～1500倍液灌根，7～10天灌1次，连续灌2～3次。每株用药量为300mL左右。

注意 防治根结线虫的部分药剂毒性较高，施用时请注意避免药剂与种子或苗根直接接触，以免产生药害。

9. 辣椒根霉果腐病

根霉果腐病是蔬菜上的一种次要病害。一般年份通常零星发生，对生产无明显影响。发病重时导致叶片、果实腐烂，造成一定经济损失。

【症状】

叶片、果实均可发病，多为害快成熟或有伤口的果实。病部常变软腐烂（图1-19），出现稀疏的白色菌丝，之后菌丝越来越多，并出现许多黑色的长发状物，顶端有黑色的点状物（孢囊梗及孢子囊，如图1-20所示）。

图 1-19 辣椒根霉果腐病病叶

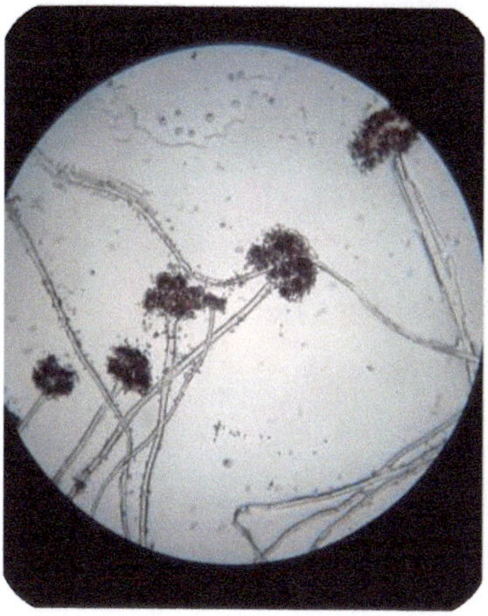

图 1-20 辣椒根霉果腐病病原菌的孢囊梗及孢子囊

【病原】

病原菌为匍枝根霉［*Rhizopus stolonifer*（Ehrenb.）Lind.］，属接合菌门真菌。孢子囊丛生在匍匐菌丝上，直立，无分枝。顶端着生球形孢子囊，呈褐色至黑色，直径为 87～354μm。

【发病规律】

病原菌以孢囊孢子附着在大棚墙壁、支架等处越冬。匍枝根霉为弱寄生菌，一般只能从伤口或生活力弱的部位侵入。发病后形成孢子囊产生大量孢囊孢子，借助气流传播蔓延，引起再侵染。

【防治方法】

1）农业防治。及时采收成熟果实。农事操作中尽量避免产生伤口。

2）生态防治。降低温室内空气相对湿度，减少病害发生。

3）药剂防治。发病后喷洒25%络氨铜水剂500倍液，或70%甲基硫菌灵可湿性粉剂800倍液，7～10天喷1次，连喷2～3次。

提示 连阴雨或棚室内浇水过多，相对湿度过高时，病害易发生，应在连阴天后及时用药防治。

10. 辣椒褐斑病 >>>>>

【症状】

该病主要为害叶片。叶片上出现圆形或近圆形病斑，病斑边缘呈黑褐色，中央呈浅灰色至白色（图1-21、图1-22）。

图1-21 辣椒褐斑病叶片正面病斑

图 1-22　辣椒褐斑病叶片背面病斑

【病原】

病原菌为辣椒尾孢（*Cercospora capsici* Heald. et Wolf），属半知菌门真菌。

【发病规律】

病原菌主要以分生孢子或菌丝体在土壤中的病残体上越冬。第二年春天产生分生孢子通过气流或雨水飞溅传播，进行初侵染和再侵染。湿度大时发病重。

【防治方法】

1）前茬收获后及时清除病残株，减少初侵染菌源，可有效控制病害的发生。

2）加强栽培管理。及时通风，浇水要小水勤灌，避免大水漫灌，降低棚内湿度。

3）药剂防治。发病初期可喷洒 25% 咪鲜胺乳油 1500 倍液，或 50% 苯菌灵可湿性粉剂 1500 倍液，或 25% 异菌脲悬浮剂

1000～1500倍液，或70%甲基硫菌灵可湿性粉剂1000倍液，7～10天喷1次。

提示 露地栽培在夏季多雨季节进行遮阴避雨可减少发病。

11. 辣椒黑斑病

【症状】

该病主要侵染果实。病斑初期呈浅褐色，近圆形或不规则形，稍凹陷。一个果实上多生一个大病斑，湿度大时出现黑色霉层（图1-23）。

图1-23 辣椒黑斑病病果

【病原】

病原菌为链格孢［*Alternaria alternata*（Fr.）Keissl.］，属半

知菌门真菌。

【发病规律】

病原菌主要在病残体上越冬。其发生常受日灼病的影响，日灼处因受伤易发病。孢子随风雨传播，风雨天雨滴飞散和雨水反溅，有利于病害发生。

【防治方法】

1）加强温室内温度和湿度的调控。保障植株间通风、透光、降低湿度，同时温度不要太低。

2）加强水肥管理。一次浇水不要太多，及时补充植株营养，使植株生长旺盛，防止早衰。

3）及时清除病残体，减少菌源量。病叶、病果需及时运出棚外并销毁。

4）药剂防治。发病前可用15%百菌清烟剂预防，每亩用药剂250～300g。发病初期及时喷洒10%苯醚甲环唑水分散粒剂1500倍液，或25%嘧菌脂胶悬剂1500倍液，或60%多菌灵盐酸盐可溶性粉剂800倍液，或50%甲基硫菌灵可湿性粉剂800倍液，或50%苯菌灵可湿性粉剂1500倍液等，7～10天喷1次，连喷2～3次。

注意 管理栽培中注意保留叶片的数量，尽量避免日灼病的发生。

12. 辣椒黑霉病

【症状】

该病主要为害果实。从果顶或果面开始发病，初期发病处颜色变浅，病斑从边缘向中央收缩，湿度大时出现黑色霉层，湿度小时病斑易破裂（图 1-24）。

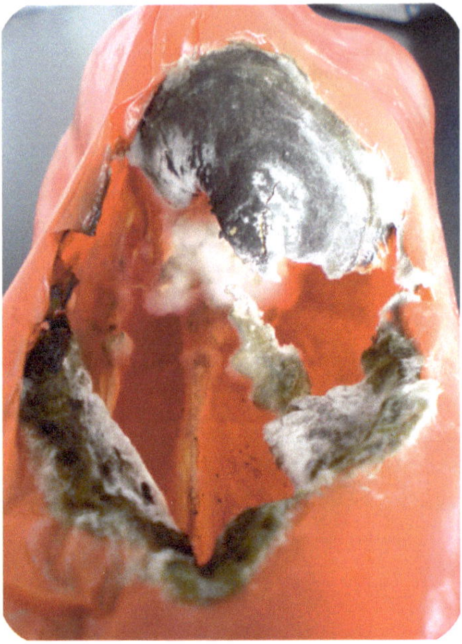

图 1-24 辣椒黑霉病病果

【病原】

病原菌为匐柄霉（*Stemphylium botryosum* Wallroth），属半知菌门真菌。

【发病规律】

病原菌以分生孢子、菌丝体在种子上或随病残体在土壤越冬，第二年产生分生孢子进行侵染，分生孢子通过气流和雨水进行传播，病原菌可直接穿透植物的表皮，也可从自然孔口或伤口侵入。温暖潮湿及降雨是导致病害发生的主要条件，尤其当土壤肥力较差，植株免疫力低时发生严重。

【防治方法】

1）选用抗病品种。

2）加强栽培管理，及时摘除发病严重的病叶并烧毁，温室内及时放风，降低棚内湿度。

3）多施有机肥、叶面肥，提高植株免疫力。

4）药剂防治。发病前用75%百菌清可湿性粉剂600倍液，或70%代森锰锌可湿性粉剂500倍液喷雾预防。发病后可将下列配方交替使用：①18%咪鲜·松脂铜乳油500倍液喷雾；②2%嘧啶核苷类抗生素水剂150倍液+25%嘧菌酯悬浮剂1500倍液混合喷雾。上述药剂一般7~10天喷1次，严重时可缩短为3~4天喷1次。

注意　辣椒黑霉病环境合适时发病传播速度快，发病初期用药可稍重一些，以控制传播速度。

13. 辣椒红粉病

【症状】

该病主要为害近成熟的果实。常从果实蒂部或有伤口的部位发病（图1-25），病部先变褐色，后出现粉红色霉层，即病原菌的分生孢子梗及分生孢子（图1-26）。

【病原】

病原菌为粉红单端孢［Trichothecium roseum（Pers.）Link］，属半知菌门真菌。菌落初为白色，后渐变为粉红色。分生孢子梗直立不分枝，无色；分生孢子顶生，单独形成，常聚集成头状，呈浅红色。分生孢子呈倒梨形，无色或半透明，成熟时具有1个

图 1-25 辣椒红粉病从果蒂处发病

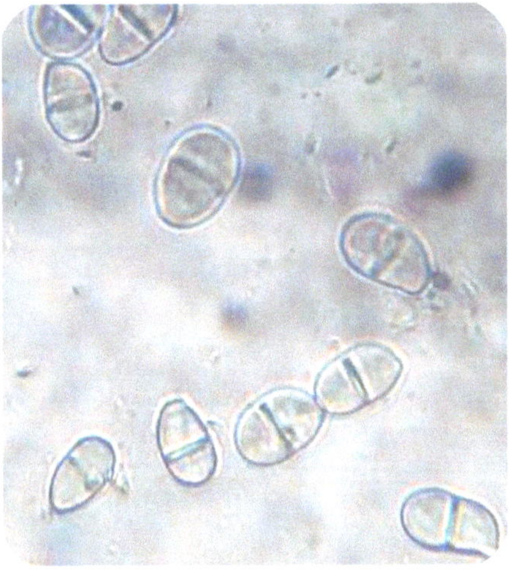

图 1-26 辣椒红粉病病原菌分生孢子

隔膜，隔膜处略缢缩，大小为（15～28）μm×(8～16)μm。

【发病规律】

病原菌主要以菌丝体随病残体在土壤中越冬，第二年春天条件适宜时产生分生孢子，通过风雨传播到寄主上，一般从伤口侵入。发病后，病部产生大量分生孢子进行再侵染。病原菌发育适温为24～30℃，处于90%以上的相对湿度时发病较重。湿度大、光照不足、通风不良、植株徒长、植株衰弱等原因易造成该病发生流行。

【防治方法】

1）适度密植，及时整枝、绑蔓。适时放风降湿，降低棚内湿度，雨后及时排水。选用无滴膜，防止棚顶滴水。

2）增施有机肥及磷钾肥，提高植株抗病性。

3）药剂防治。发病前可用15%百菌清烟剂预防，每亩用药剂250～300g。发病后可喷洒20%噻菌铜悬浮剂500倍液，或25%异菌脲悬浮剂1000～1500倍液，或10%苯醚甲环唑水分散粒剂1500倍液等药剂，7～10天喷1次，连喷2～3次。

提示　苗期最好进行炼苗、蹲苗，培育壮苗。

14. 辣椒红色炭疽病

【症状】

该病主要为害叶片及果实。叶片发病先出现水浸状小点，后变为近圆形或不规则形灰白色病斑（图1-27），为害果实时成熟果受害发病重，病斑呈长圆形或不规则形，为褐色，稍凹陷。叶片或果实发病后期出现红色小点，湿度大时病斑表面溢出浅红色黏稠物（图1-28），即病原菌的分生孢子团。

图 1-27　辣椒红色炭疽病初期症状

图 1-28　辣椒红色炭疽病后期症状

【病原】

病原菌为红色炭疽病菌（*Colletotrichum gloeosporioides*）。

【发病规律】

病原菌以分生孢子在种子表面或以菌丝潜伏在种子内越冬，也可以菌丝或分生孢子盘随病残体在土壤中越冬。越冬后产生分生孢子进行侵染，多通过风雨溅散传播。初侵染发病后又产生大量分生孢子进行再侵染。

【防治方法】

1）农业防治。及时清除病残果，增施有机肥，提高植株抗病性。

2）生态防治。注意通风降湿，避免高温、高湿条件出现。

3）药剂防治。预防和防治病害可喷洒 25% 溴菌腈可湿性粉剂 600 倍液，或 50% 多 · 硫悬浮剂 500 倍液，或 50% 咪鲜胺锰盐可湿性粉剂1500～2500倍液，或80%福·福锌可湿性粉剂800倍液，7天左右喷1次，连喷3～4次。

15. 辣椒灰霉病

灰霉病是我国蔬菜种植区一种常见和主要病害。近年来，随着塑料大棚、温室等保护设施栽培的普及推广，茄果类、瓜类等蔬菜常发生灰霉病的流行，严重时减产达30%以上。

【症状】

辣椒灰霉病可为害叶片、茎秆、果实等多个部位。病花等部位掉到叶片上会侵染叶片，形成圆形或椭圆形病斑，有明显的轮纹。空气干燥时，病斑容易破裂（图1-29）。茎秆发病时，受害处变为浅褐色至深褐色（图1-30）。茎秆或枝条受害严重时容易折断，造成病部以上部分萎蔫枯死。果实发病时，多从果蒂处开始，病部变软变白（图1-31），湿度大时出现灰色霉层（图1-32），即病原菌的分生孢子梗及分生孢子。

图1-29　辣椒灰霉病叶片发病症状

图1-30　辣椒灰霉病为害茎秆分杈处

图 1-31　辣椒灰霉病果实发病初期症状

图 1-32　辣椒灰霉病果实发病后期

【病原】

病原菌为灰葡萄孢（*Botrytis cinerea* Pers.），属半知菌门真菌。分生孢子梗较长，呈灰色或褐色，有分隔和分枝。分生孢子近球形或卵圆形，大小为（8.7～15.3）μm×（6.5～11.2）μm。

【发病规律】

病原菌主要以菌丝体或菌核随病残体在土壤中越冬。南方设施蔬菜中的病原菌可常年存活，不存在越冬问题。分生孢子主要通过风雨传播，条件适宜时即萌发，多从伤口或衰老组织侵入，初侵染发病后又长出大量新的分生孢子，通过传播进行再侵染。温室大棚内的高湿环境有利于病害发生和流行。

【防治方法】

1）加强温室内温度和湿度的调控。保障植株间通风、透光，降低湿度，同时温度不要太低。

2）加强水肥管理。一次浇水不要太多，及时补充植株营养，使植株生长旺盛，防止早衰。

3）及时清除病残体，减少菌源量。病叶、病果需及时运出棚外并销毁。

4）药剂防治。发病初期喷洒50%腐霉利可湿性粉剂1000倍液，或40%菌核净可湿性粉剂800倍液，或50%异菌脲可湿性粉剂1000倍液，或25%啶菌噁唑乳油1000倍液，隔7～10天喷1次，连喷3～4次。温室中也可用20%噻菌灵烟剂0.3～0.5kg/亩熏烟。

注意 灰霉病病原菌易产生抗药性，同一种杀菌剂在一个生长期内最多使用3次，要注意不同类型杀菌机理的杀菌剂交替使用。

16. 辣椒茎基腐病

【症状】

该病主要为害茎基部，幼苗及成株期均可发病。幼苗染病后，靠近地面的茎基部变褐色或变黑色并缢缩（图1-33），影响植株营养及水分运输，严重时植株萎蔫枯死。成株期发病症状与幼苗期类似（图1-34），茎基部上方常生出不定根。

图1-33 辣椒茎基腐病病部变褐色并缢缩

图1-34 辣椒茎基腐病植株萎蔫

【病原】

病原菌为立枯丝核菌（*Rhizoctonia solani* Kühn.），属半知菌门真菌。

【发病规律】

病原菌以菌丝体或菌核在土壤中越冬，腐生性强，可以在土壤中长期存活。第二年病原菌随浇水或农事操作传播。大水漫灌、地温过高时易发病。

【防治方法】

1）培育无病壮苗。育苗期苗床换新土，种子用55℃水浸泡20min后播种。幼苗定植时不要过深，及时排出地表积水，培土不宜过高。

2）前茬收获后及时清除病残株，减少初侵染菌源。浇水时不宜一次浇太多，定期疏松土壤，透气降温。

3）药剂防治。定植后发病，可在茎基部施用药土，每平方米表土施用20%拌·锰锌可湿性粉剂10g，充分混匀后于病株基部覆土，把病部埋上，促其在病斑上方长出不定根。也可喷洒70%甲基硫菌灵可湿性粉剂800倍液，或20%甲基立枯磷乳油1000倍液，主要喷洒植株茎基部。5～7天喷1次，连喷3～4次。也可在病部涂50%福美双可湿性粉剂200倍液，或77%氢氧化铜可湿性粉剂200倍液，能抑制病情发展。

提示 在种子消毒的基础上重点做好土壤消毒工作，灭杀土壤中的病原菌。

17. 辣椒菌核病 >>>>>

【症状】

自幼苗至成株期均可感病，茎秆受害重，也为害叶、花、果实和果柄等部位。茎秆发病，分杈处易发病，初期呈褐色水浸状斑（图1-35），之后病斑绕茎变为黄色或灰色，湿度大时出现白色棉絮状菌丝体，稍凹陷，剥开茎秆可见白色菌丝体和黑色菌核。果实染病，病变处多呈褐色，呈水渍状腐烂（图1-36、图1-37），逐渐向周围扩展，湿度大时长出白色菌丝体，之后形成黑色菌核。

图1-35 辣椒菌核病茎秆受害重

图1-36 辣椒菌核病为害果实

【病原】

病原菌为核盘菌［*Sclerotinia sclerotiorum*（Lib.）de Bary］，属子囊菌门真菌。

【发病规律】

病原菌主要以菌核在土壤中越冬。第二年温度和湿度合适时

图 1-37　辣椒菌核病果实发病处软腐

菌核萌发，长出子囊盘，释放子囊孢子，借风雨传播蔓延。湿度是子囊孢子萌发和菌丝生长的主要影响条件，相对湿度在 90% 以上有助于子囊孢子的萌发和菌丝的生长。因此，此病在早春或晚秋湿度高时易发生。

【防治方法】

1）深翻土壤。深翻土壤可将菌核埋入地底深处，抑制其萌发。

2）实行轮作，培育无病种苗。

3）加强管理，及时通风降湿，创造不利于病害发生发展的环境。

4）药剂防治。发病后及时喷洒 50% 腐霉利可湿性粉剂 1500 倍液，或 50% 乙烯菌核利可湿性粉剂 1000 ~ 1500 倍液，或 50% 异菌脲可湿性粉剂 1500 倍液，5 ~ 7 天喷 1 次，连喷 3 ~ 4 次。设施栽培中提倡烟雾法防治病害，每亩用 10% 腐霉利烟剂 250 ~ 300g 熏 8h 左右，5 ~ 7 天熏 1 次，连熏 2 ~ 3 次。

提示 菌核病前期与疫病症状较相似，为准确鉴定，可采用镜检鉴定。有孢子囊及孢子的为疫病，没有孢子的则为菌核病。

18. 辣椒枯萎病

【症状】

发病后植株在中午温度高时出现萎蔫现象（图1-38），早期萎蔫能恢复，后期严重时萎蔫现象不易恢复。用小刀切开发病植株茎基部，可见病部维管束变为浅褐色至深褐色（图1-39）。湿度大时，茎基部表面会出现白色、红色或蓝绿色的霉状物。

图1-38 辣椒枯萎病植株萎蔫

图1-39 辣椒枯萎病维管束变褐

【病原】

病原菌为尖镰孢菌萎蔫专化型（*Fusarium oxysporum*

Schlecht. f. sp. *vasinfectum* Snyd. et Hans.），属半知菌门真菌。

【发病规律】

病原菌主要以菌丝体和厚垣孢子在土壤中越冬，也可以菌丝体在种子上越冬。分苗、定植时病原菌易从根系伤口、自然裂口侵入，到达维管束，在维管束内繁殖，堵塞导管，阻碍营养、水分运输，引起叶片萎蔫、枯死。高温高湿、土壤板结、施用未腐熟粪肥或连茬年限长，发病重。

【防治方法】

1）提倡轮作，有条件的地区提倡水旱轮作。

2）浇水时不宜大水漫灌，发现病株后及时拔除，撒施生石灰对株穴消毒。

3）种子消毒。播种前用52℃温水浸种30min，或用50%多菌灵可湿性粉剂500倍液浸种1h，洗净后播种。

4）药剂防治。发病初期喷洒50%多·硫悬浮剂500倍液，或54.5%噁霉·福可湿性粉剂800倍液，7～10天喷1次，连喷3～4次。此外可用77%氢氧化铜可湿性粉剂500倍液，或12.5%增效多菌灵可溶性液剂200倍液灌根，用量为每株100～150mL，隔7～10天灌1次，连续灌3～4次。

提示 最好高垄栽培，雨后及时排水。种植前进行土壤消毒。

19. 辣椒链格孢黑斑病 >>>>

【症状】

该病主要为害叶片。发病时叶片出现边缘清晰、近圆形或不规则形病斑（图 1-40），湿度高时病斑表面出现黑色霉层。

图 1-40　辣椒链格孢黑斑病叶片症状

【病原】

病原菌为辣椒链格孢（*Alternaria capsici-annui* Savukescu et Sanduville），属半知菌门真菌。

【发病规律】

病原菌以菌丝体或分生孢子在病残体中越冬。主要靠气流和雨水传播。多雨、湿度高利于发病。

【防治方法】

1）栽培管理中及时清除病残体，适时放风降湿，降低棚内湿度。

2）药剂防治。预防及防治可选用以下药剂：28% 百・霉威可湿性粉剂 500 倍液，或 50% 甲基硫菌灵可湿性粉剂 500 倍液，或 77% 氢氧化铜可湿性粉剂 500 倍液，或 64% 噁霜・锰锌可湿性粉剂 500 倍液等，一般 7～10 天喷 1 次，连喷 2～3 次。

20. 辣椒镰刀菌根腐病 >>>>

【症状】

该病主要为害根部。幼苗发病，根系先变为浅褐色（图1-41），之后颜色加深，幼苗死亡后需及时补苗（图1-42）。成株期受害，症状与苗期受害相似，严重时根内部变为黄褐色。地上部分表现出萎蔫症状（图1-43）。

图1-41 辣椒镰刀菌根腐病根系变褐

【病原】

病原菌为腐皮镰孢［*Fusarium solani*（Mart.）App. et Wollenw］，属半知菌门真菌。

【发病规律】

病原菌主要以菌丝体、厚垣孢子随病残体在土壤中越冬。厚垣孢子存活时间较长，有时可达数年，是主要的侵染源。病原菌多从根部伤口侵入，之后在病部产生分生孢子，借雨水或灌溉水

图 1-42　辣椒镰刀菌根腐病引起补苗

传播蔓延，进行再侵染。高温、高湿条件下发病较重。

图 1-43　辣椒镰刀菌根腐病植株萎蔫

【防治方法】

1）种子消毒。可用种子重量 0.5% 的 2.5% 咯菌腈悬浮剂拌种。

2）加强栽培管理。及时放风降湿，地温低需及时松土，以提高地温，适当浇水，不宜大水漫灌。

3）合理施肥。施足基肥，结果后及时追肥，保持植株旺盛生长。

4）药剂防治。幼苗定植时可用 70% 噁霉灵可湿性粉剂 2000 倍液泡根 15min。定植后发现病株可及时用 20% 甲基立枯磷乳油 1200 倍液，或 30% 噁霉灵水剂 500 倍液进行喷淋或灌根，每穴用药液量为 150 ~ 200mL，连续防治 2 ~ 3 次。

提示 栽培前最好进行土壤消毒，也可用氰氨化钙等闷棚灭菌。

21. 辣椒煤霉病 >>>>>

【症状】

该病主要为害叶片。发病初期叶面症状不明显，后变为褪绿色至黄绿色斑，最后病斑变为褐色，病斑边缘不清晰（图 1-44）。湿度大时病斑背面出现黑色霉层，即病原菌的分生孢子梗和分生孢子。

图 1-44 辣椒煤霉病病斑

【病原】

病原菌为煤污孢（*Cercospora fuliginea* Roldan），属半知菌门真菌。

【发病规律】

病原菌主要以分生孢子或菌丝体随病残体在土壤中越冬。第二年产生分生孢子借助风雨传播，从植株伤口、气孔或水孔侵入。病原菌喜温暖和高湿条件。保护地通风不良、连作地块、种植过密、生长势弱、光照不足、氮肥过量或肥料不足时发病重。

【防治方法】

1）农业防治。清除病残体；翻晒土壤，增施磷钾肥；及时通风降低湿度。

2）药剂防治。发病初期喷洒70%甲基硫菌灵可湿性粉剂800倍液，或50%腐霉利可湿性粉剂800倍液，或77%氢氧化铜可湿性粉剂500倍，一般7～10天喷1次。

提示 栽培中保持通风透光，可有效减少病害发生。

22. 辣椒煤污病 >>>>

【症状】

煤污病为害叶片、茎秆及果实等各部位。发病部位着生黑色的煤污菌菌落（图1-45），严重时可布满叶面、叶柄及果面，影响植株的光合作用。

【病原】

病原菌为假尾孢属真菌（*Pseudocercospora sp.*）和小煤炱属

真菌（*Meliola sp.*），前者为半知菌门真菌，后者为子囊菌门真菌。

图 1-45　辣椒煤污病叶片症状

【发病规律】

蚜虫粉虱多、滋生蜜露多、相对湿度大易发病。

【防治方法】

1）注意调节温室小气候。提高透光性和保温性。露地栽培时，注意雨后及时排水，防止湿气滞留。

2）防治害虫。应及时防治温室白粉虱、蚜虫等害虫，因为这些害虫的大量繁殖及分泌的蜜露常导致叶片污染，有利于煤污菌的滋生。

3）药剂防治。发病初期喷 75% 百菌清可湿性粉剂 600 倍液，或 50% 苯菌灵可湿性粉剂 1500 倍液，或 40% 多·硫悬浮剂 500 倍液，每隔 10 天喷 1 次，连喷 2～3 次。棚室也可用百菌清烟剂熏治。采收前 7 天停止用药。

提示　煤污病的发生与蚜虫、白粉虱等为害程度有直接关系，防治好煤污病的前提是要防治蚜虫等害虫的发生。

23. 辣椒绵疫病

【症状】

绵疫病主要为害果实。果面初现近圆形褐色至深褐色病斑

(图 1-46)，随病情发展，病斑扩大、颜色加深，病斑呈明显水渍状。

图 1-46　辣椒绵疫病果实症状

【病原】

病原菌为瓜果腐霉［*Pythium aphanidermatum*（Eds.）Fitzp.］和辣椒疫霉（*Phytophthora capsici* Leonian)，均属鞭毛菌门真菌。

【发病规律】

病原菌主要以卵孢子随病残体在土壤中越冬。借雨水溅到靠近地面的果实、叶片上侵染发病，发病后产生孢子囊，孢子囊释放游动孢子，通过雨水、灌溉水等传播进行再侵染。连阴天或多雨、湿度大时发病重。

【防治方法】

1）农业防治。避免与茄科作物连作。选择排水良好的地块种植。适度密植，保持株间通风透光。提倡地膜覆盖栽培，减少病原菌传染。

2）药剂防治。发病初期可用30%氧氯化铜悬浮剂500倍液，或60%氟吗·锰锌可湿性粉剂800倍液，或64%噁霜·锰锌可湿性粉剂500倍液，或52.5%噁唑菌酮·霜脲可湿性粉剂600倍液喷雾防治，5～7天喷1次，连喷3～4次。植株下部叶片、果实应重点喷洒，并适度喷洒地面，杀灭病原菌。

提示 定植前进行种子消毒及土壤消毒，雨后及时排水。

24. 辣椒曲叶病毒病

【症状】

病害导致叶片叶缘向上卷曲（图1-47），植株生长缓慢、矮化，基本不开花、不结果，对产量造成极大影响。

图1-47 辣椒曲叶病毒病叶片症状

【病原】

病原菌为甜菜曲顶病毒（Beet Curly Top Virus，BCTV）。

【发病规律】

病害主要由传毒介体传播。因此，高温干旱条件下蚜虫等传毒介体繁殖、活动能力强，病害发病重。

同时，氮肥施用过多、营养不良、环境郁闭的情况下，植株抗病性低，发病重。

【防治方法】

1）选育抗病品种。

2）培育无病无虫苗。育苗播种前对种子进行消毒处理，用10%磷酸三钠溶液浸种20min，清水冲洗30min后播种。播种后定期喷洒杀虫剂，防治蚜虫等传毒介体传毒。

3）防治传毒介体。在温室大棚的放风口安装50目以上的防虫网。温室内定期喷洒25%噻嗪酮可湿性粉剂1000倍液，或10%烯啶虫胺可溶性液剂1500倍液，或20%啶虫脒乳油2000倍液防治烟粉虱，切断传播途径。

4）药剂防治。发病初期喷洒1.5%烷醇·硫酸铜乳剂1000倍液，或混合脂肪酸水乳剂100倍液等药剂，5～7天喷1次，连喷3～4次。

提示 该病重在栽培抗病品种，发病后植株开花结果甚少，对产量影响极大。要在栽培抗病品种的基础上，坚持“预防为主、综合防治”的植保方针。

25. 辣椒青枯病 >>>>

【症状】

植株叶片先在中午温度高时出现萎蔫，早上及傍晚温度低时还可恢复，几天后萎蔫叶片不能够再恢复，整株叶片枯死，但短期内叶片仍保持青绿色且不脱落（图1-48）。割开茎部可见维管束变褐，用手挤压切口可见白色菌脓。

图 1-48 辣椒青枯病植株症状

【病原】

病原菌为青枯假单孢［*Pseudomonas solanacearum*（Smith）Smith.］，属细菌。

【发病规律】

病原菌主要随病残体留在田间越冬，是主要的初侵染来源。病原菌主要通过雨水和灌溉水传播。病原菌从根部或茎基部伤口侵入，在植株体内的维管束组织中扩展。高温、高湿有利于发病。植株生长不良，氮肥施用过多，连阴雨或降大雨后暴晴，有利于病害发生流行。

【防治方法】

1）轮作。与非茄科作物轮作 2 年以上，减少土壤中病原菌数量。

2）种子消毒。可用 52℃ 温水或 90% 链 · 土可溶性粉剂 300mg/L 浸种 30min，洗净后催芽播种。

3）调节土壤酸度。青枯病菌喜欢微酸性土壤，因此可以结合整地撒施适量石灰，使土壤呈微碱性，以抑制病原菌生长，减少发病。

4）药剂防治。提倡提前预防，若田间已发病，防治效果较差。预防及防治可选用下列药剂：72%农用硫酸链霉素可溶粉剂4000倍液，或77%氢氧化铜可湿性粉剂500倍液，或50%琥胶肥酸铜可湿性粉剂500倍液，或14%络氨铜水剂350倍液灌根，每株灌药液150～200mL，7～10天灌1次，连灌3次。

注意 最好不要在阴雨天进行农事操作，以免造成伤口，引起病原菌传播。

26. 辣椒细菌性疮痂病

【症状】

植株各部位均可受害。叶片发病出现许多近圆形褐色水浸状斑点（图1-49），常有晕圈。果实发病出现近圆形黑褐色病斑，稍隆起，后期木栓化（图1-50）。

【病原】

病原菌为野油菜黄单胞菌辣椒斑点病致病型［*Xanthomonas campestris* pv. *vesicatoria*（Doidge）Dye.］，属细菌。

【发病规律】

病原菌随病残体在土壤中越冬，也可附着在种子上越冬。通过风雨和昆虫传播，从伤口或气孔侵入。病原菌喜高温、高湿条件，发病最适温度为25～30℃，农事操作、害虫造成伤口多，发病重。

图 1-49 辣椒细菌性疮痂病叶片症状

图 1-50 辣椒细菌性疮痂病果实症状

【防治方法】

1）农业防治。收获后及时清除病残体，与非茄果类作物实行轮作。

2）种子消毒。种子可用 55℃温水浸种 15min。

3）药剂防治。发病初期喷 72% 农用硫酸链霉素可溶性粉剂 3000 倍液，或 23% 氢铜·霜脲可湿性粉剂 800 倍液，或 3% 中生菌素可湿性粉剂 800 倍液，每隔 7 天喷 1 次，连喷 3～4 次。

注意 阴雨天不宜进行农事操作，避免形成伤口，引起病原菌侵染。

27. 辣椒细菌性溃疡病

【症状】

该病主要为害果实。果面初现乳白色圆形病斑，病斑中央颜色较深，形成褐色木栓化针状凸起，整个病斑如同鸟眼一般，称为“鸟眼斑”（图1-51）。

图1-51 辣椒细菌性溃疡病果实症状

【病原】

病原菌为密执安棒杆菌番茄溃疡病致病型［*Clavivbacter michiganense* subsp. *michiganense*（Smith）Davies et al］，属细菌。

【发病规律】

病原菌随病残体在土壤中越冬。通过雨水、灌溉水、农事操作等传播，由植株的伤口、气孔等孔口侵入。发病后，病斑产生菌体，借助雨水传播到健康植株上引起再侵染。

【防治方法】

1）种子消毒。可用55℃温水浸种30min，也可利用干热灭菌，将干种子放在烘箱中，在70℃下保温72h或者在80℃下保温24h。

2）提倡轮作。有条件的地区可实行水旱轮作，可杀死大量土壤中的菌源。

3）药剂防治。平时预防及治疗可选用下列药剂：20%叶枯唑可湿性粉剂800倍液，或77%氢氧化铜可湿性粉剂800倍液，或25%络氨铜水剂500倍液，或72%农用链霉素可溶性粉剂4000倍液，5~7天喷1次，连喷3~4次。

28. 辣椒细菌性软腐病

【症状】

植株各部位均可受害，发病处出现水渍状暗绿色病斑（图1-52），病斑扩展后变软腐烂并有恶臭味。

图1-52 辣椒细菌性软腐病茎秆症状

【病原】

病原菌为胡萝卜软腐欧文氏菌胡萝卜软腐致病型［*Erwinia carotovora* subsp. *carotovora*（Jones）Bergey et al.］，属细菌。

【发病规律】

病原菌一般随病残体在土壤中越冬。多从植物表面的伤口侵入，侵染过程中分泌原果胶酶，分解寄主细胞间中胶层的果胶质，使细胞解离崩溃、水分外渗，病组织呈软腐状。

【防治方法】

1）防止产生伤口。蔬菜害虫、嫁接等农事操作会造成伤口，有利于病原菌侵染。

2）其他防治方法参见辣椒细菌性溃疡病。

提示 发病重的果实最好及时摘除并带到棚外销毁。

29. 辣椒细菌性叶斑病 >>>>

辣椒细菌性叶斑病过去在我国发生较轻，进入 20 世纪 90 年代后有加重的趋势，已成为辣椒生产中的重要病害，高温、高湿常导致细菌性叶斑病的大发生，使辣椒大量落叶、落果、落花，笔者于 2007 ~2012 年在寿光地区调查该病发生情况，病棚率一般在 50% 以上，导致辣椒产量损失严重。

【症状】

该病主要为害叶片。常见的病斑类型有两种，一种是先从叶缘附近出现黄绿色近圆形水渍状小斑点，扩大后变为大小不等的褐色至锈红色病斑（图 1-53），干燥时病斑多呈褐色；另一类症状多从叶缘开始出现水浸状黄化（图 1-54），最后扩展至整个叶

图 1-53 辣椒细菌性叶斑病症状 1

片，有的叶片叶脉间出现白纸状病斑，这两种症状类型的病斑在显微镜下均能观察到细菌的喷菌现象（图 1-55）。此病发展很快，常引起大量落叶，对产量影响较大，但植株一般不会死亡。

图 1-54 辣椒细菌性叶斑病症状 2

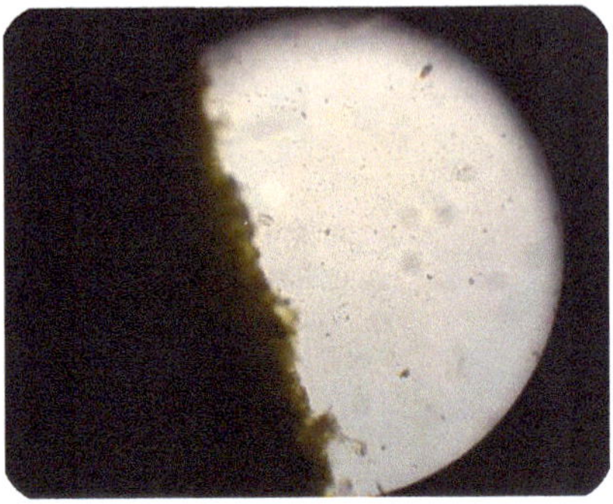

图 1-55 辣椒细菌性叶斑病喷菌现象

【病原】

病原菌为丁香假单胞杆菌适合致病变种（*Pseudomonas syringae* pv. *aptata* Young. Dye & Wilkie.），属假单胞杆菌属细菌。菌体为短杆状，两端钝圆，具 1～3 根单极生或双极生鞭毛。在琼脂培养基上菌落呈圆形，为灰白色，产生绿色荧光色素，革兰氏染色阴性反应，可产生荚膜。病原菌发育适温一般在 23～30℃。

【发病规律】

病原菌一般在病残体或种子上越冬，通过辣椒叶片伤口侵入，在田间借助雨水、灌溉或农具进行传播及再侵染。在气温 23～30℃、空气相对湿度 90% 以上的 7～8 月高温多雨季节发病重。地势低洼，管理不善，肥料缺乏，植株衰弱或偏施氮肥等发病严重。病害遇高温和叶面长时间有水膜发病重，病原菌侵入后，相对湿度在 80% 以上病害就能逐渐显症，若温度过低则病害发展受到一定抑制，若后期温度升高，病害可继续发展。因此，高温多雨或遇暴风雨，病害常加重发生。

【防治方法】

1）实行合理轮作及清除病残体。与非茄科蔬菜作物轮作2～3年。前茬蔬菜收获后及时彻底清除病残体，结合深耕晒土，促使病原菌残留体分解，加速病原菌死亡。

2）选用无病种子及进行种子消毒。选用无病优良品种；播前用重量为种子重量0.3%的50%琥胶肥酸铜可湿性粉剂拌种可有效杀灭辣椒细菌性叶斑病病原菌。

3）加强栽培管理。定植前要平整土地，深翻土壤，并采用高垄栽培，辣椒生长过程中及时中耕松土和施肥；防止积水，避免大水漫灌；土壤灌水后室内温度升高时应及时通风降低湿度；发现病叶及时清除到室外深埋或烧毁。

4）药剂防治。发现病株后可及时喷洒72%农用硫酸链霉素可溶性粉剂4000倍液，或95%链·土可溶性粉剂4000～5000倍液，或14%络氨铜水剂300倍液，或50%琥胶肥酸铜可湿性粉剂500倍液，或30%氧氯化铜悬浮剂700倍液等药剂，一般7天左右喷1次，连喷3～4次。

提示 阴雨天不要进行整枝打杈等农事操作，容易引起病原菌传播。

30. 辣椒芽枝霉果腐病 >>>>

【症状】

该病主要为害果实。初期果面出现水浸状小点，为褐色，之后病斑扩大并变软腐烂，病部凹陷，病斑呈圆形或不规则形，病斑较大，湿度大时病部出现白色绒丝状霉层（图1-56），之后变为黑色，后期病果干缩腐烂。

图1-56　辣椒芽枝霉果腐病病果

【病原】

病原菌为辣椒斑点芽枝霉［*Cladosporium capsici* (March et Stey.) Kovachersky］，属半知菌门真菌。

【发病规律】

病原菌以菌丝体随病残体在土壤中越冬。初侵染后病部产生的分生孢子借气流传播进行再侵染，农事操作也可传播。病原菌对环境要求不严，发病适温为20～24℃，相对湿度高于85%，不喜强光。果实近成熟时易发病。

【防治方法】

1）加强栽培管理。提倡配方施肥，氮肥不宜施用过多，小水勤浇，适时通风，降低棚内湿度。

2）药剂防治。发病初期可用50%苯菌灵可湿性粉剂1500倍液，或25%异菌脲悬浮剂1000～1500倍液，或40%氟硅唑乳油3000倍液，或2%武夷霉素水剂400倍液等药剂喷雾，一般7～10天喷1次，连喷2～3次。

31. 辣椒疫病 >>>>

【症状】

该病主要为害叶片、果实和茎，尤其茎基部发病最重。

幼苗多从茎基部发病，先出现水渍状软腐，病斑呈暗绿色，病株倒伏（图1-57）。成株染病，叶片出现暗绿色近圆形病斑，边缘模糊，湿度大时出现稀疏白色霉状物，病斑扩展迅速，叶片大部分软腐，易脱落。茎部染病，出现暗褐色条状病斑，略凹陷（图1-58），潮湿时出现稀疏白霉。果实染病，出现水渍状暗绿色软腐病斑，边缘不清晰，潮湿时，病情扩展，全果软腐，果上密生白色霉状物，干燥后变为浅褐色、枯干。

图1-57 辣椒疫病幼苗症状

图1-58 辣椒疫病茎秆症状

【病原】

病原菌为辣椒疫霉（*Phytophthora capsici* Leonian），属鞭毛菌门真菌。

【发病规律】

病原菌主要以菌丝体或卵孢子随病残体在土壤里越冬。第二年萌发形成孢子囊，产生游动孢子，随灌溉水和雨水扩展，侵染寄主。发病后又产生许多游动孢子进行再侵染。温度低、雨水多有利于发病。

【防治方法】

1）选用抗（耐）病品种。

2）加强栽培管理，提倡轮作，注意控制浇水，降低棚内湿度，并增施磷、钾、钙肥。

3）药剂防治。保护地棚室提倡使用烟剂熏蒸和粉尘药剂防治。烟雾法，发病前或发病初期每亩用45%百菌清烟剂220g，均匀放在垄沟内，将棚密闭，点燃熏烟。熏1夜，次日早晨通风，隔7天熏1次，可单独使用，也可与粉尘法、喷雾法交替轮换使用。发现中心病株后喷洒64%噁霜·锰锌可湿性粉剂500倍液，或70%乙磷·锰锌可湿性粉剂500倍液，或72%霜脲·锰锌可湿性粉剂800倍液，或72.2%霜霉威盐酸盐水剂800倍液，7~10天喷1次。

提示 雨后及时排水并注意土壤消毒。

32. 辣椒疫霉根腐病 >>>>

【症状】

发病初期植株在中午高温期间表现萎蔫症状（图1-59），随病情加重，顶部叶片萎蔫严重，下部叶片也出现病变。发病后根系先变为浅褐色，后颜色加深为黑褐色（图1-60），严重时靠近根部的维管束也变为褐色。土壤浇水过多时发病重。

【病原】

病原菌为鞭毛菌门的真菌寄生疫霉（*Phytophthora parasitca* Dast.）和辣椒疫霉（*P. capsici* Leonian）。孢子囊呈椭圆形，一般单胞顶生，大小为（23.3~62.6）μm×（19.2~47.8）μm。

图 1-59 辣椒疫霉根腐病植株萎蔫

图 1-60 辣椒疫霉根腐病根系变色

【发病规律】

病原菌以卵孢子或厚垣孢子在土壤中的病残体上越冬。第二年产生孢子囊和游动孢子引起初侵染，发病后产生游动孢子或孢子囊随雨水或灌溉水传播，进行再侵染。水分高、湿度大或地温低利于发病，遇连阴天或浇水后不及时放风导致棚内湿度过高时发病重。另外，笔者在调查中发现发病严重的地块土壤多呈微酸性，说明微酸性土壤也有利于病害的发生。

【防治方法】

1）选用抗（耐）病品种。

2）农业防治。辣椒收获后及时清理病残体。提倡轮作，疫霉根腐病是一种土传病害，病原菌易在土壤中积累，与非茄果类蔬菜轮作，有助于降低菌源数量，减少病害发生。合理灌溉，灌水量大或大水漫灌、灌水次数多的大棚一般发病重，小水浅灌的大棚发病轻。中午高温时灌水发病重，早晚灌水发病轻。采用高垄栽培，高垄栽培能够提高地温、降低湿度、调节土壤肥力、增加透性、壮大根系，增强植株抗病能力。调节土壤酸碱度，因为微酸性土壤有利于病害的发生，可通过撒施适量生石灰的方法将土壤的酸碱度调节为中性。

3）药剂防治。参考辣椒疫病。

提示 雨后及时排水，发病重的地区最好进行土壤消毒。

33. 辣椒早疫病

【症状】

该病主要为害叶片。发病后出现圆形或近圆形病斑，一般有同心轮纹，中央颜色较浅，多为浅褐色，边缘颜色较深（图1-61、图1-62）。果实发病出现圆形凹陷病斑，后期病斑上出现黑色霉层。

图1-61 辣椒早疫病叶片正面病斑

图1-62 辣椒早疫病叶片背面病斑

【病原】

病原菌为茄链格孢［*Alternaria solani*（Ell. et Mart.）Jones et

Grout.]，属半知菌门真菌。

【发病规律】

病原菌以菌丝体或分生孢子随病残体在土壤中越冬。第二年借气流或雨水传播，可直接侵染或从气孔等孔口侵入，形成病斑后产生分生孢子进行再侵染。降雨多、空气湿度大时发病重。

【防治方法】

1）农业防治。采收后及时清除病残体。有机肥要充分腐熟。禁止大水漫灌，雨后及时排水，通风透光，降低湿度。

2）药剂防治。发病初期喷 75% 百菌清可湿性粉剂 600 ~ 800 倍液，或 50% 苯菌灵可湿性粉剂 1500 倍液，或 40% 氟硅唑乳油 8000 倍液，或 25% 戊唑醇可湿性粉剂 1500 倍液，每隔 10 天喷 1 次，连喷 2 ~ 3 次。

注意　阴雨天不适宜喷雾防治的情况下可利用烟雾剂熏棚防治。

二、生理性病害

1. 辣椒矮壮素药害

【症状】

主要为害叶片，尤其新叶受害重，出现不规则形、边缘模糊的黄绿色褪绿斑块（图2-1、图2-2）。

图2-1 辣椒矮壮素药害典型病斑

图2-2 辣椒矮壮素药害受害植株

【病因】

矮壮素一次使用过多或使用浓度过大。

【防治方法】

1）按照相应作物使用浓度规定及用药时间科学使用药剂。

2）药害早期及时喷施0.0016%芸薹素内酯水剂1000倍液，或3%~5%赤霉素溶液促进植物恢复生长。

注意 植株长势弱及气温低时不宜使用矮壮素调控植株生长。

2. 辣椒多效唑药害

【症状】

主要表现为引起植株节间变短（图 2-3），严重时叶片纵卷畸形。

图 2-3　辣椒多效唑药害植株茎节变短

【病因】

多效唑使用过多或使用浓度过大。

【防治方法】

1）发现多效唑药害后，及时通风，喷洒清水。

2）向叶面喷洒 1.4% 复硝酚钠水剂 5000 倍液，可促进植株生长，减轻危害。

3. 辣椒肥害

【症状】

一般叶片先出现症状，多为边缘呈不规则的黄色或褐色坏死斑（图 2-4）；严重时叶片卷曲，大部分坏死。

图 2-4　辣椒肥害症状

【病因】

化肥使用过多或施用未腐熟的有机肥，土壤内盐离子浓度过大或有机肥发酵导致烧根。

【防治方法】

1）测土配方施肥。

2）多施腐熟有机肥，减少化肥使用量。

3）发病后多浇水，放风排气，有必要时施用海藻酸类叶面肥，可促进恢复。

注意 肥害的发生频率越来越高，主要因为“多施肥多结果”的不正确观念，土地饱和后施肥再多也不会提高产量，还会破坏土壤结构造成减产。

4. 辣椒高温障碍

【症状】

叶片为主要受害部位，多先从叶缘出现不规则形黄色至褐色坏死斑（图2-5）。叶片受害后容易卷曲，受害重时出现大型褐色坏死病斑。

图2-5 辣椒高温障碍症状

【病因】

温室内或田间，当温度高于30℃的时间较长，就会引起叶片受害，原因在于叶片进行正常生理活动所需各种酶的活性在高温条件下受抑制，叶片正常生理活动受到影响，造成叶片外观出现异常。

【防治方法】

1）环境温度高时，使用遮阳网或降温剂，降低棚室内温度。

2）适时通风，向叶面喷水，降低温度。

3）提前喷洒0.1%硫酸锌或硫酸铜溶液，有助于提高植株耐热性。

提示 预防高温障碍最好使用遮阳网。如果没有，可以将用土混合的泥水泼在大棚薄膜上，降低光照强度。

5. 辣椒果实小黄点 >>>>

【症状】

辣椒果实上出现近圆形褐色小黄点，之后病斑扩大为近圆形或不规则形，稍凹陷，湿度低、光照强时病斑易裂开（图2-6）。

【病因】

30～35℃高温下影响植株对硼元素的吸收，氮素施用过多抑制钾元素吸收，以及光照不足等条件易发生。

【防治方法】

1）种植耐热品种。

2）喷施叶面肥补充硼元素。

图 2-6　辣椒果实小黄点症状

3）加强光照。

4）拉大昼夜温差，控制夜温不要过高。

6. 辣椒虎皮病

【症状】

接近成熟的辣椒果实上出现边缘不清晰的褪色现象（图 2-7）。

图 2-7　辣椒虎皮病症状

【病因】

已有研究表明，虎皮病有生理、病理两方面的原因。生理方面的原因主要是强光暴晒、储存时湿度过高等。病理方面包括镰刀菌、炭疽病菌、芽枝孢等能引起果皮变色的病菌。

【防治方法】

1）辣椒栽培过程中，注意遮光，如利用遮阳网、合理密植等措施减少过强光照对果实的照射。辣椒储存时应降低储存仓库的湿度。

2）辣椒坐果后及时喷洒药剂来防治多种果实病害。可喷洒43%戊唑醇悬浮剂400倍液，或2%春雷霉素水剂500倍液，或45%噻菌灵悬浮剂1000倍液，或47%春雷·王铜可湿性粉剂500倍液等，可预防病害发生。

7. 辣椒畸形果 >>>>

【症状】

辣椒出现弯曲、扭曲等畸形形状；有时出现增生症状；切开果实可见辣椒种子比正常果实的要少（图2-8～图2-10）。

图2-8 辣椒畸形果1

图2-9 辣椒畸形果2

图 2-10　辣椒畸形果 3

【病因】

在辣椒花芽分化期如果遇低温、光照弱、营养不足，容易引起花粉受精及发育不良而出现畸形果。

【防治方法】

1）选择对低温不敏感而商品性好的高产品种。

2）花芽分化期应提高温度，促进花芽分化并能正常生长发育。

3）平衡施肥，不要偏施氮肥。

4）正确使用生长激素，要做到因地、因时，用量适宜。

5）及时防治病虫害，保持植株健康生长。

提示　畸形果预防的关键在于植株花芽分化期间有良好的温度、湿度及营养条件。

8. 辣椒激素中毒 >>>>

【症状】

叶片受害重。发生激素中毒后，叶面出现疱疹状突起，叶片呈

“鸡爪状”（图2-11）；受害重时叶片呈条状，与蕨叶病毒造成的症状有相似之处（图2-12），叶脉呈透明状。通常新叶受害重，症状明显，老叶及受害轻的叶片症状不太明显，在生产中易被忽略。

图2-11 辣椒激素中毒轻度受害状

图2-12 辣椒激素中毒重度受害状

【病因】

辣椒生产管理过程中，常需要各种激素来调节植株的生长，若用量过大或含量过高易导致激素中毒。

【防治方法】

1）使用激素时按规定含量使用。同时应结合气温及不同辣椒品种，确定激素的适宜含量。温度高时激素使用含量要相应降低。

2）发现症状后，可用生理平衡剂 100g、白糖 100～150g，兑水 35kg 进行叶面喷雾，连喷 2～3 次。激素中毒中后期用 5～7mL 胺盐兑水 12.5kg 进行喷施，每 5～6 天喷 1 次，可减轻危害，促进生长。

注意 激素多种多样，过量使用容易引起植株早衰，栽培中应接合经验及天气情况确定合理使用量。

9. 辣椒急性失水 >>>>

【症状】

发病时，叶片叶缘或叶脉之间失绿呈失水白色干枯状（图 2-13、图 2-14）。

【病因】

根系不好、温度过高时放风或风速过大常引起急性失水。

【防治方法】

1）在高温时应缓慢放风。

2）可喷施 1.4% 复硝酚钠水剂 5000～6000 倍液，增强植株抗逆性。

图 2-13　辣椒急性失水轻度症状

图 2-14　辣椒急性失水重度症状

10. 辣椒僵果

【症状】

辣椒果实萎缩，发育停滞，个头小，用手摸可感到有僵硬感（图 2-15、图 2-16）。

图 2-15　辣椒僵果

图 2-16　辣椒僵果内种子很少

【病因】

主要因为辣椒开花后受精不良，如地温或气温过低，尤其是气温低于 15℃或高于 30℃、辣椒根系弱等，导致受精受阻，容易形成僵果。

【防治方法】

1）保证育苗时的温度条件。一般白天温度保持为 22 ~ 28℃，夜温为 15 ~ 17℃。

2）温室栽培中应保持辣椒正常生长发育的温度和光照条件。

3）辣椒坐果后，叶面可喷施 1% 尿素与 0.3% 磷酸二氢钾混合液，促进植株生长，增加光和产物积累。

提示　辣椒开花受精期间若遇连阴天等不良天气，应通过补照灯等措施补充光照、提高温度。

11. 辣椒冷风为害 >>>>

【症状】

发病时，叶片扭曲变形，叶面出现边缘清晰、不规则形白色或浅褐色干枯斑（图2-17）。

图2-17　辣椒冷风为害症状

【病因】

辣椒叶片被冷风吹引起。

【防治方法】

1）选用耐低温品种。

2）对幼苗进行低温锻炼，提高抗逆性。

3）采用地膜覆盖、地面覆草等措施提高地温；气温过低时，可采用补照灯等方法提高棚内光照及温度。

4）露地栽培时，早期采用地膜“近地面覆盖”的形式覆盖幼苗。

注意 预防冷风为害的关键和基础是修建的棚室质量合格、不透风露气、保温性能好。

12. 辣椒露果

【症状】

发病时，辣椒果实内部的胎座组织、种子等外翻或向外裸露（图2-18）。

图2-18 辣椒露果

【病因】

开花受精期温度过低、供水不均、硼元素缺乏、螨虫为害辣椒果实等易导致露果。

【防治方法】

1）在花芽分化期应适当提高温度，避免因温度过低造成花芽分化不良、花柱开裂形成露果。

2）加强温室水分管理，避免土壤时干时湿。

3）花期及时补充硼元素并防治螨虫等害虫。

提示 预防蔬菜露果的发生，重点在于保持蔬菜花芽分化期的良好环境及充足的营养供应。

13. 辣椒落花

【症状】

发病时，辣椒的花非正常大量掉落，影响辣椒结果和产量（图2-19）。

【病因】

早期施用氮肥过多易引起植株徒长，花芽分化受限，导致落花。光照不足或外界环境不利如温度过高或过低，浇水过多或干旱，根系生长弱影响营养吸收等，都容易引起辣椒落花。

【防治方法】

1）合理密植，保证株间通风透光，生长后期去掉老叶，减少营养消耗。

图 2-19 辣椒落花

2）肥水管理。要求花前少施肥，花后适量，结果期重施，不偏施氮肥，增施磷钾肥。田间灌溉不过干过湿，中午不宜浇水，应傍晚灌水。

3）及时防治病虫害。对辣椒根腐病应在发病初期喷施或灌溉 12.5% 增效多菌灵可溶性液剂 300 倍液防治。对棉铃虫、斜纹叶蛾等应用生物杀虫剂 1.8% 阿维菌素乳油 2000 倍液防治。

提示 花期遇降雨、连阴天等不良环境条件，应通过补照灯、人工取暖等措施补充光照、提高温度。

14. 辣椒沤根

【症状】

幼苗及成株期均可发生，症状类似。一般表现为地上部植株叶片萎蔫，严重时下部叶片黄化（图2-20）。地下部根系及根茎部严重时多变为锈褐色（图2-21）。

图2-20 辣椒沤根下部叶片黄化

图2-21 辣椒沤根根茎部及根系变色

【病因】

一次浇水施肥量过大过多，土壤中水分含量高，导致土壤中氧气少，抑制根系的正常生理活动。

【防治方法】

1）合理浇水施肥，使土壤不要过湿。

2）划锄松土，利于氧气进入土壤，有助于植株恢复生长。

提示 根据植株生长期进行水肥使用量控制，不要一次大水大肥。

15. 辣椒脐腐病 >>>>

脐腐病，又称蒂腐病，是蔬菜栽培，尤其是茄果类蔬菜上常见的病害之一。保护地、露地均有发生，一般保护地发病重于露地。沿海（江）的沙壤土地区和干旱年份危害严重。发病严重时常造成果实黑斑、腐烂，直接影响产量和品质。

【症状】

发病时，果实脐部发生水浸状腐烂，多变为白色、黄褐色或深褐色，稍凹陷（图 2-22 ~ 图 2-25），湿度大时容易着生各种腐生菌，导致病果腐烂。

【病因】

土壤中钙含量不足或土壤干燥，植株难以吸收土壤中的钙元素，导致果实脐部细胞正常的生理活动受到抑制引起发病。另有研究认为，土壤中水分不稳定，忽多忽少，也易引起发病。

【防治方法】

1）选用抗病品种。

图 2-22　辣椒脐腐病病果 1

图 2-23　辣椒脐腐病病果 2

图 2-24　辣椒脐腐病病果 3

图 2-25　辣椒脐腐病病果 4

2）合理浇水，保持土壤湿度适中。

3）提倡地膜覆盖。有利于维持水分及钙元素的稳定，减少流失。

4）温度高、光照强时使用遮阳网，可降低蒸腾作用，有利于减少发病。

5）补充钙肥。结果后可喷洒 1% 过磷酸钙，或 0.5% 氯化钙加 5mg/kg 萘乙酸、0.1% 硝酸钙及 1.4% 复硝酚钠

5000～6000 倍液。从初花期开始，隔 10～15 天喷 1 次，连喷 2～3 次。

注意 使用氯化钙及硝酸钙时，不可与含硫的农药及磷酸盐（如磷酸二氢钾）混用，以免产生磷酸钙沉淀，影响效果。

16. 辣椒缺镁 >>>>>

【症状】

该病主要在叶片上表现症状。叶脉间先出现模糊的黄化褪绿症状（图 2-26），随之褪绿部分黄化明显（图 2-27）。因镁元素在植株间移动性较好，故中下部叶片发病较重。

图 2-26 辣椒缺镁轻度症状

图 2-27 辣椒缺镁重度症状

【病因】

土壤中缺乏镁元素、根系吸收能力差、地温过低或钾肥用量大抑制镁元素的吸收均可引起发病。

【防治方法】

1）定植时施足有机肥。

2）提高地温，保证镁元素的吸收。

3）出现症状后喷施 0.5%～1.0% 硫酸镁水溶液，3～5 天喷 1 次。

注意 镁元素是茄果类蔬菜需求较大的一种中量元素，应定期进行补充，以免缺乏。

17. 辣椒缺铁

【症状】

该病主要为害叶片。尤其新叶受害重，出现较均匀的黄化现象（图 2-28），叶片变薄，一般无褐变、坏死现象。

图 2-28　辣椒缺铁新叶均匀黄化

【病因】

引起植株缺铁的原因较复杂，主要由以下几种：

1）中性或偏碱性土壤，铁容易变成不溶物阻碍吸收。

2）铁在作物体内移动慢，如果土壤过于干燥，或盐分积累过多而中断铁的吸收，易导致幼芽缺铁。

3）如果作物吸收过多的锰和铜，因铁在体内被它们所氧化，从而丧失活性。

4）土壤中的钙抑制铁的吸收，磷、锰、锌、铜也阻碍铁的吸收及其在体内的移动。

5）地温过低时易发生缺铁。

6）在土壤通气不良或盐渍化、根系受损时，影响根系的吸收能力也会引起缺铁。

【防治方法】

1）当土壤 pH 达到 6.5～6.7 时，就要禁止使用碱性肥料而改用生理酸性肥料。当土壤中磷过多时可采用深耕等方法降低其含量。

2）应急对策：如果缺铁症状已经出现，可用 0.5%～1% 硫酸亚铁水溶液喷施，也可用柠檬铁 100mL/kg 水溶液喷施，缓解症状。

注意 磷肥施用过多，过剩的磷易与铁结合，造成铁不足。

18. 辣椒缺锌 >>>>

【症状】

植株新叶变小，整体叶片颜色变浅（图 2-29），缺锌严重时褪绿黄化现象突出（图 2-30），严重时叶片出现褐色坏死斑。植株矮化，生长缓慢。

【病因】

土壤中锌元素缺乏、磷肥使用多影响锌的吸收造成缺锌，土壤呈碱性也会导致缺锌症的出现。

【防治方法】

1）合理施用磷肥，一次不过多施用。

2）发现缺锌症状后可用 0.1%～0.2% 硫酸锌水溶液喷洒叶片，也可选用含锌叶面肥喷撒，根据发病程度，3～5 天喷 1 次。

图 2-29　辣椒缺锌新叶颜色变浅

图 2-30　辣椒缺锌重度症状

提示　土壤为碱性时使用生理酸性肥料调节土壤有助于解决问题。

19. 辣椒日灼病 >>>>>

【症状】

发病时，果实向阳面呈灰白色或浅白色，呈革质状，表皮变薄（图2-31），后期斑面上长出黑色或粉红色霉状物（腐生菌）。

图2-31　辣椒日灼病病果

【病因】

因光照过强，果实局部受热，灼伤表皮细胞引起，一般叶片遮阴不好、土壤缺水或天气干热过度、雨后暴热，均易引发此病。

【防治方法】

1）合理密植。使叶片互相遮阴，或与高秆作物（如玉米等）间作，避免果实暴露在强光下。

2）采用遮阳网覆盖，避免太阳光直射果实。

3）向植株喷水有助于降温，可减轻危害。

提示 增施有机肥，有助于提高土壤的保水能力，减少日灼病的发生。

20. 辣椒徒长 >>>>

【症状】

发病时，植株茎秆细而弱、节间长、叶色浅、开花少（图2-32）。

【病因】

主要因水肥过大，特别是氮肥施用过多、温度高（尤其是夜温）、光照不足引起。

【防治方法】

1）加强水肥管理。控制氮肥施用量，避免土壤时干时湿。

2）控制夜温不要过高，阴雨天光照不足时人工补充光照。

3）苗期进行适度炼苗，必要时可喷洒芸苔素内酯提高植株抗逆性。

图 2-32　辣椒徒长

21. 辣椒盐害 >>>>

【症状】

叶片发病时，叶尖、叶缘出现黄绿色褪绿斑（图2-33）。果实受害时，果面着色不均匀，出现浅绿色斑块（图 2-34）。

【病因】

化肥使用过多，引起土壤酸化，土壤内盐离子含量高，影响植株对水分及养分的正常吸收，进而影响着色。

【防治方法】

1）多施有机肥及生物肥，合理使用化肥。

2）灌水排盐。大棚间歇期进行大水漫灌，水面高于地表5～10cm，浸泡 5～10 天后排出积水。

图 2-33　辣椒盐害叶片症状

图 2-34　辣椒盐害果实症状

3）土壤盐渍化过重可采取大棚换土的方法改善土质。

⚠ **注意** 应改变“多施肥多结果”的不正确观念，以有机肥为主，逐步改善土质。

22. 辣椒药害 >>>>>

【症状】

药害症状多种多样，各不相同。有的叶面出现条状黄褐色枯斑（图2-35），扩大后成为黄白色枯斑。有的叶面出现畸形隆起（图2-36）。有的叶片上形成褐色至黑褐色小点状坏死斑（图2-37、图2-38）。也有的引起叶片皱缩卷曲，类似于生理性卷叶（图2-39）。果实受害，果面出现黄褐色至黑色、不规则形或圆形凹陷病斑（图2-40）。

图2-35 辣椒药害1

图 2-36　辣椒药害 2

图 2-37　辣椒药害 3

【病因】

杀菌剂、杀虫剂等化学农药用量过大、含量过高、高温期间用药或使用对作物敏感的药剂均易引发药害。

图2-38 辣椒药害4

图2-39 辣椒药害5

图 2-40　辣椒药害 6

【防治方法】

1）使用农药前，认真研究用药方法、用药剂量及使用时间，科学用药。

2）发生药害后及时灌水并喷洒赤霉素或芸苔素内酯等生长调节剂缓解药害。

提示　将多种杀菌剂、杀虫剂混合使用前，最好进行小范围试验，确定无害后再使用。

23. 辣椒着色不良 >>>>

【症状】

果实异常着色，果面出现不同于正常果实的其他颜色（图 2-41）。

图 2-41 辣椒着色不良

【病因】

着色期温度低、光照弱、施用氮肥过多、施用钾肥不足引起。土壤过干也易诱发着色不良。

【防治方法】

1）科学施用氮肥，增施磷钾肥。

2）棚内气温低时，采用补照灯等辅助措施提高温度补充光照。

3）合理浇水，不要大水漫灌。

提示 花期要注意硼、磷肥的补充，结果期后同时注意补充光照。

24. 辣椒紫斑病

【症状】

叶片、果实上出现边缘模糊的紫色条纹或斑块（图 2-42、

图 2-43）。

图 2-42　辣椒紫斑病病果 1

图 2-43　辣椒紫斑病病果 2

【病因】

主要因植株缺磷导致花青素合成过多引起。通常来说土壤中磷元素缺乏、土壤过干或地温过低易造成植株缺磷。

【防治方法】

1）提升地温、合理浇水，促进蔬菜有效吸收磷元素。

2）施足有机肥，提高土壤中有效磷的含量。同时注意补充镁元素，因缺镁会影响植株对磷元素的吸收。

3）补救方法：出现紫斑病症状后可用磷酸二氢钾 200～300 倍液或含有磷元素的叶面肥进行叶面喷洒，1 周喷 2～3 次。

三、虫　害

1. 茶黄螨 >>>>>

茶黄螨，又名侧多食跗线螨、茶半跗线螨，属蛛形纲、蜱螨目、跗线螨科，在全国各地均有发生。茶黄螨寄主广泛，发生普遍，可为害辣椒、茄子、丝瓜、甜瓜等大多数蔬菜，受害的蔬菜一般减产30%以上，严重时达50%以上。且其常引起蔬菜果实表皮粗糙或开裂，严重降低果实品质，极大损害了菜农的经济效益。2008～2011年寿光市洛城、留吕、纪台多地蔬菜大棚大面积发生茶黄螨为害，损失严重，由于茶黄螨虫体小，为害症状有时与病毒病相似，部分菜农误做病毒病防治，导致错过最佳防治时期，造成大面积减产。

【学名】

Polyphagotarsonemus latus（Banks）。

【为害特点】

茶黄螨可为害大多数蔬菜，其中以辣椒、茄子受害最重，还可为害黄瓜、甜瓜、丝瓜、菜豆、豇豆等。茶黄螨以成虫及幼虫的刺针吸食蔬菜的幼嫩部位为害，如幼叶、幼果等。叶片受害后变小、皱缩（图3-1），叶片增厚、僵硬、易碎、叶脉扭曲，因茶黄螨吸食叶片汁液常引起叶片受害部褪绿黄化（图3-2），叶片背面多呈黄白色至黄褐色，粗糙、有油质光泽（图3-3），后期茶黄螨常在新叶之间成片结网（图3-4）。茎秆及果柄受害后表皮变灰褐色至褐色，粗糙。果实受害后常引起果皮开裂，种子外翻，形成馒头果，失去食用价值。

茶黄螨为害辣椒等蔬菜时常与病毒病的症状较相似，难以区分。实践中可通过以下两个特点鉴别：

1）茶黄螨为害时叶片背面呈油质光泽、粗糙状，而病毒病无此特点。

2）用放大镜或显微镜观察叶片背面是否存在茶黄螨。

图 3-1　茶黄螨为害辣椒叶片皱缩

图 3-2　茶黄螨为害辣椒叶片出现褪绿斑点

【形态特征】

卵长约 0.1mm，呈半透明椭圆形，多为灰白色。幼螨近椭圆形，躯体分 3 节，足为 3 对。雄成螨体长呈0.18～0.20mm，体躯

图 3-3 茶黄螨为害辣椒叶片背面症状

图 3-4 茶黄螨结网

近六角形，呈浅黄色或黄绿色，腹末有锥台形尾吸盘。雌成螨较雄成螨略长，体躯呈阔卵形，分节不明显。

【生活习性】

茶黄螨虫体较小，肉眼难以观察，繁殖速度快，多数地区发生代数在 20～30 代，温度越高，繁殖越快，在 30～32℃时繁殖 1 代仅需 4 天。成螨及幼螨喜食植物的幼嫩部分，当幼嫩部分生长变老后，则继续向新的幼嫩部分转移为害，成虫为害植株时有结网的习性，此特性可作为与病毒病的区别。因喜高温，一般地区，多在 6～9 月为害严重，温室中因气温高可常年为害。

【防治方法】

1）生物防治。保护、释放巴氏钝绥螨防治茶黄螨。

2）及时清除杂草，摘除老叶、病叶，集中烧毁，减少虫源。

3）及时灌水，保持土壤湿度，抑制其繁殖速度。

4）药剂防治。可选用下列药剂交替轮换使用：10% 阿维·哒螨灵可湿性粉剂 2000 倍液，或 1.8% 阿维菌素乳油 3000 倍液，或 15% 浏阳霉素乳油 1500 倍液，或 5% 唑螨酯悬浮剂 2000 倍液，或 20% 甲氰菊酯乳油 1200 倍液，一般 7～10 天喷 1 次，连喷3～4 次，严重时可缩短为 5 天喷 1 次。

2. 西花蓟马 >>>>

西花蓟马属于缨翅目、锯尾亚目、蓟马科，花蓟马属，是一种外来入侵害虫。西花蓟马对农作物的危害性极大。该虫寄主植物非常广泛，目前已知的有 200 多种植物。近几年，西花蓟马在我国北方设施栽培作物上严重发生，尤其是对设施蔬菜为害较大。笔者调查寿光温室大棚蔬菜上西花蓟马的为害情况，发现辣椒、黄瓜、芹菜、西瓜等大多数蔬菜受害严重，单株植株叶和花上的西花蓟马总数严重时超过千头。

【学名】

Frankliniella occidentalis (Pergande)。

【为害特点】

该虫以锉吸式口器取食植物的茎、叶、花、果，导致花瓣褪色、叶片皱缩，叶片、茎及果有时易形成伤疤，最终可能使植株枯萎，同时还传播番茄斑萎病毒（Tomato Spotted Wilt Virus，TSWV）在内的多种病毒。西花蓟马对辣椒、黄瓜、芹菜、西瓜、番茄等蔬菜均能造成较重危害。常引起叶片卷曲、叶片褪色、在叶片及果实上形成齿痕及疮疤（图3-5～图3-7）。苗期叶片受害重时易形成空洞。幼虫多在叶片背面活动为害（图3-8）。

图3-5 西花蓟马为害辣椒叶片

【形态特征】

雌虫体长1.2～1.7mm，体呈浅黄色至棕色，头及胸部色较腹部略浅，雄虫与雌虫形态相似，但体形较小，颜色较浅。触角

图 3-6　西花蓟马为害辣椒果实 1

图 3-7　西花蓟马为害辣椒果实 2

有 8 节，腹部第 8 节有梳状毛。若虫有 4 个龄期。1 龄若虫一般为无色透明，虫体包括头、3 个胸节、11 个腹节；在胸部有 3 对结构相似的胸足，没有翅芽。2 龄若虫呈金黄色，形态与 1 龄若虫相同。3 龄若虫呈白色，具有发育完好的胸足，具有翅芽和发育不完全的触角，身体变短，触角直立，少动，又称为“前

图 3-8 西花蓟马为害辣椒叶片背面症状

蛹”。4 龄若虫呈白色，在头部具有发育完全的触角、扩展的翅芽及伸长的胸足，又称为“蛹”。卵不透明，为肾形，约 200μm 长。

【生活习性】

在温室内，西花蓟马可全年繁殖，每年繁殖 12～17 代，15℃下完成 1 代需要 44 天左右，30℃下需要 15 天即可。每头雌虫一般产卵 18～45 粒，产卵前期在 15℃下约为 10 天，20～30℃下 2～4 天，20℃时繁殖力最高。该虫将卵产于叶、花和果实的薄壁组织中，有时也将卵产于花芽中。27℃下卵期约为 4 天，15℃下卵期可达 15 天。干燥情况下卵易死亡。幼期 4 龄，前 2 龄是活动取食期，后 2 龄不取食，属于预蛹和蛹期。1 龄若虫孵化后立即取食，27℃下历期为 1～3 天，2 龄若虫非常活跃，多在叶片背面等隐蔽场所取食，历期从 27℃的 3 天到 15℃的 12 天。2 龄若虫逐渐变得慵懒，蜕皮变为假蛹，这段历期在 27℃下为 1 天，15℃下为 4 天，化蛹场所变化较多，多在土中，也可在花中。蛹期为 3～10 天。在室内条件下雌虫存活

40～80天，雄虫寿命较短，约为雌虫的一半。在一个种群内，雄虫数量通常为雌虫的3～4倍。雄虫由未受精卵发育而来，未受精卵产自未交配雌虫。该虫在温暖地区能以成虫和若虫在许多作物和杂草上越冬，相对较冷的地区则在耐寒作物如苜蓿和冬小麦上越冬，寒冷季节还能在枯枝落叶和土壤中存活。

【防治方法】

1）农业防治。清除菜田及周围杂草，减少越冬虫口基数，加强田间管理，增强植物自身抵御能力也能较好地防范西花蓟马的侵害，如干旱植物更易受到西花蓟马的入侵，因此保证植物得到良好的灌溉就显得十分重要。另外，高压喷灌利于驱赶附着在植物叶子上的西花蓟马，减轻危害。

2）物理防治。利用西花蓟马对蓝色的趋性，可采取蓝色诱虫板对西花蓟马进行诱集，效果较好。

3）生物防治。利用西花蓟马的天敌蜘蛛及钝绥螨等可有效控制西花蓟马的数量。如在温室中每7天释放钝绥螨200～350头/m^2，完全可控制其危害。释放小花蝽也有良好防效，这些天敌在缺乏食物时能取食花粉，所以效果比较持久。

4）药剂防治。药剂可选用2.5%多杀霉素悬浮剂1000倍液，或10%虫螨腈乳油2000倍液，或5%氟虫腈悬浮剂1500倍液，或10%吡虫啉可湿性粉剂2000倍液等喷雾，7～10天喷1次，连喷2～3次。喷洒农药时，一要注意不同的农药交替使用以削弱其抗药性，二要注意使用的间隔期及密度。一般而言一种农药使用两个月为佳。这样可减轻化学杀虫剂的选择压力，延缓害虫抗药性的产生。

提示　西花蓟马喜傍晚活动，此时喷药效果较好，同时加入有机硅助剂有利于提高药效。

3. 野蛞蝓 >>>>

野蛞蝓属软体动物门、腹足纲、柄眼目、蛞蝓科，也叫鼻涕虫，在我国蔬菜种植区均有分布。近年来，随着北方地区日光温室、塑料大棚等保护地栽培的推广和普及，野蛞蝓的发生率及为害也日趋严重，已成为温室蔬菜生产中的重要害虫之一。笔者于2008～2012年在寿光温室调查时多次见到该虫为害，部分地区病棚率超过90%，已成为温室蔬菜生产中亟待解决的问题之一。野蛞蝓寄主广泛，可为害番茄、黄瓜、辣椒、豇豆、白菜、芹菜等绝大多数蔬菜，蔬菜受害后，叶片、果实、茎秆等被食成缺刻、空洞，严重影响蔬菜的质量及产量，同时造成的伤口有利于细菌的侵染，进一步加大危害。

【学名】

Agriolimax agrestis（Linnaeus）。

【为害特点】

野蛞蝓食性杂，可为害大多数蔬菜，以番茄、辣椒、茄子、豇豆、菜豆等种类为主。植株的叶片、茎秆、果实均可受害，尤其喜食幼嫩部分，受害处被吃成缺刻或孔洞，取食果皮后常使果实出现带状伤痕，同甜菜夜蛾的为害症状相似（图3-9），严重时嫩茎、嫩枝被咬断，导致植株死亡，造成缺苗断垄。同时造成的伤口容易引起细菌侵染，加重危害。野蛞蝓为害时排泄的粪便及黏液也会造成蔬菜品质下降。爬行过的地方像蜗牛一样留下白色的黏液痕迹。

【形态特征】

野蛞蝓成虫长25～50mm、宽3～6mm，呈长梭形，体表柔软光滑，多为灰色至深褐色（图3-10），也有的为黄白色或灰红色，体表有略凸起的条纹，呈同心圆形。头部前方有触角2对，呈深黑色，上面 1 对较长，下面 1 对稍短，眼睛在上边触角的顶端，口位于头部前方，内有角质的齿舌，分泌的黏液无色。

图 3-9　野蛞蝓为害辣椒留下的伤疤

图 3-10　野蛞蝓成虫形态

卵为圆形或椭圆形，白色透明，后期变为灰黄色。

幼虫体色较浅，多为灰褐色或浅褐色，体长 2.0～2.5mm、宽 1.0～1.2mm，形态与成虫相似。

【生活习性】

在寿光蔬菜温室中野蛞蝓 1 年完成 2～3 代，世代重叠，露地一般仅 1 代。以成体或幼体在蔬菜根部湿土下、土缝、石头缝、石板下、河岸边越冬。第二年气温回升后出来为害，白天多在土壤中、落叶下、薄膜下或石头缝等隐蔽处，昼伏夜出，一般在早晚或夜间活动取食，早上天亮时相继回到隐蔽处，若遇阴雨天则可整日取食为害。喜欢阴暗湿润的环境，湿度越大，越有利于其活动及为害。野蛞蝓怕光怕热，强光、干燥条件下，2～3h 即可导致其大量死亡。野蛞蝓雌雄同体，异体受精。对饥饿忍受力较强，在食物缺乏或干旱等不良条件下能长时间潜伏在阴暗土缝或草丛中不吃不动。成虫交配 2 天后即开始陆续产卵，一般产于潮湿的土壤缝中或隐蔽的石板下，每头成虫可产卵 300 多粒，产卵期为 15 天左右，卵可单粒、成串或聚集成团，土壤过干、光照过强会造成卵大量死亡。

【防治方法】

1）农业防治。提倡地膜覆盖栽培，可阻止野蛞蝓爬出地面，减轻危害；及时清除菜园中的垃圾及杂草，秋、冬季深翻土地，将其成体、幼体、卵充分暴露于地上，使其被晒死、冻死或被天敌取食，减少越冬基数；在菜园垄间或角落撒上生石灰，可较好地阻止野蛞蝓为害；有机肥应充分腐熟，同时可采取增加热源或光源的方式，创造不利于野蛞蝓活动的条件。

2）物理防治。野蛞蝓喜湿怕光，一般在夜晚活动，晚上 10：00 左右达到活动高峰，因此，可在此时间借助电灯照明，采用人工捕捉的方式灭杀野蛞蝓；野蛞蝓对香甜及腥味等有趋性，也可利用嫩菠菜叶、白菜叶等有气味的食物进行诱杀，一般傍晚将盛有青菜叶的塑料盘放置于垄间，第二天早上将塑料盘拿出棚外杀死野蛞蝓。

3）生物防治。温室内野蛞蝓为害严重或连阴天时，可放鸭等家禽、蛙类或捕食性甲虫猎食野蛞蝓，防治效果较好。

4）药剂防治。可撒施6%四聚乙醛颗粒剂或6%聚醛·甲萘威颗粒剂，每亩用量800～1000g，10～15天后再施1次。清晨野蛞蝓尚在地表外时，喷洒硫酸铜800～1000倍液或1%的食盐水，杀虫效果可达80%以上。

4. 温室白粉虱

温室白粉虱是主要的温室类害虫，于20世纪70年代初期在我国初见发生。近几年，由于暖冬等气候因素及保护地面积的不断扩大，农业种植结构的不断调整，利用温室进行培育种苗和生产花卉、蔬菜等面积的不断扩大，温室白粉虱频繁发生，尤其是对温室中所种植的茄科、葫芦科、豆科等蔬菜为害更重。

【学名】

Trialeurodes vaporariorum (Westwood)。

【为害特点】

温室白粉虱寄主广泛，可为害番茄、辣椒、茄子、瓜类、豆类蔬菜等绝大多数蔬菜。喜欢大量成虫及若虫聚集在叶片背面，通过吸食蔬菜叶片的汁液，造成叶片褪绿变黄，严重时叶片萎蔫干枯。为害的同时分泌蜜露，容易引起煤污病的滋生（图3-11），影响蔬菜产量及品质。温室白粉虱还是多种病毒的传毒介体。

【形态特征】

成虫（图3-12）体长1.0～1.6mm，头部呈浅黄色，其余部位呈粉白色。翅表及虫体被白色蜡粉包围，又称为小白蛾。卵（图3-13）呈长椭圆形，长0.15～0.2mm，初为浅绿色至浅黄

图 3-11 温室白粉虱分泌蜜露引起煤污病

图 3-12 温室白粉虱成虫形态

色，孵化前加深为深褐色。若虫共 4 龄，1 龄若虫到 3 龄若虫呈浅绿色或黄绿色，体长不断增加，为 0.25～0.53mm，其中 2 龄若虫和3龄若虫的足及触角退化。4龄若虫也叫“拟蛹”（图3-14），呈扁平状，随时间发展，逐渐增厚，初期为绿色，后期颜色加深，体表有数根长度不一的蜡丝。

图3-13 温室白粉虱的卵及拟蛹

图3-14 温室白粉虱拟蛹及成虫

【生活习性】

每年发生代数因地区而异，南方温度较高可常年发生，北方地区温室内一年可发生 10 余代，温室内可终年为害，室外因温度低难以越冬。成虫羽化后数天即可产卵，每个雌虫可产 100 ~ 200 粒卵，卵多产于叶片背面，卵柄从气孔插入叶片内，不易脱落。因温室白粉虱喜食幼嫩部分，故其在植株垂直方向的虫龄（从卵到成虫）从上到下依次增大，卵孵化后的 1 龄若虫可在叶片背面短距离行动，2 龄若虫以后因为足的退化，无法行动，只能固定取食。

【防治方法】

1）农业防治。

① 清洁田园。育苗、定植前清除病残体、杂草，保持温室清洁，通风口安装防虫网。

② 科学种植。避免黄瓜、番茄、菜豆等蔬菜混栽，可种植温室白粉虱不喜食的十字花科蔬菜。

③ 黄板诱蚜。选用 20cm 宽、40cm 长的黄色纤维板，涂上机油，挂在温室中，每隔 1.5m 放置 1 片黄板，高度在作物顶部 20cm 以上，10 ~ 15 天更换 1 次。

2）生物防治。利用天敌丽蚜小蜂或草蛉防治。丽蚜小蜂释放比例为（2 ~ 3）∶1，每隔 15 天释放 1 次。

3）药剂防治。因世代重叠，在同一时间同一植株上温室白粉虱的各虫态均存在，而当前缺乏对所有虫态皆理想的药剂，所以采用药剂防治，必须连续几次用药。可选用的药剂如下：25% 噻嗪酮可湿性粉剂 2000 倍液，或 3% 啶虫脒乳油 1200 倍液，或 70% 吡虫啉水分散粒剂 1500 倍液，或 25% 噻虫嗪水分散粒剂 3000 倍液，或 2.5% 联苯菊酯乳油 5000 倍液，7 天喷 1 次，连喷 3 ~ 4 次。喷药时注重在叶片背面喷洒。

提示　温室白粉虱体表蜡粉较多，多数药剂渗透效果较差，可在药剂中加入有机硅助剂，增加药剂渗透性，提高药剂防治效果。同时，温室白粉虱繁殖速度快，世代重叠严重，应注意杀菌机理不同的药剂交替使用，延缓其产生抗药性。

附录 常见计量单位名称与符号对照表

量的名称	单位名称	单位符号
长度	千米	km
	米	m
	厘米	cm
	毫米	mm
面积	公顷	ha
	平方千米（平方公里）	km^2
	平方米	m^2
体积	立方米	m^3
	升	L
	毫升	mL
质量	吨	t
	千克（公斤）	kg
	克	g
	毫克	mg
物质的量	摩尔	mol
时间	小时	h
	分	min
	秒	s
温度	摄氏度	℃
平面角	度	(°)
能量，热量	兆焦	MJ
	千焦	kJ
	焦［耳］	J
功率	瓦［特］	W
	千瓦［特］	kW
电压	伏［特］	V
压力，压强	帕［斯卡］	Pa
电流	安［培］	A